新型农民现代农业技术与技能培训丛书

小麦农艺工培训教材

梁振兴　戴惠君　编著

金盾出版社

图书在版编目(CIP)数据

小麦农艺工培训教材/梁振兴，戴惠君编著．—北京：金盾出版社，2008.3(2017.6重印)
(新型农民现代农业技术与技能培训丛书)
ISBN 978-7-5082-4950-6

Ⅰ.①小… Ⅱ.①梁…②戴… Ⅲ.①小麦—栽培—技术培训—教材 Ⅳ.①S512.1

中国版本图书馆CIP数据核字(2008)第001972号

金盾出版社出版、总发行
北京太平路5号(地铁万寿路站往南)
邮政编码:100036 电话:68214039 83219215
传真:68276683 网址:www.jdcbs.cn
封面印刷:北京印刷一厂
正文印刷:北京军迪印刷有限责任公司
装订:北京军迪印刷有限责任公司
各地新华书店经销
开本:850×1168 1/32 印张:4.5 字数:110千字
2017年6月第1版第5次印刷
印数:29001～32000册 定价:12.00元

新型农民现代农业技术与技能培训丛书

编委会

序　言

中共中央国务院[2007]1号文件明确指出,加强“三农”工作,积极发展现代农业,扎实推进社会主义新农村建设,是全面落实科学发展观、构建社会主义和谐社会的必然要求,是加快社会主义现代化建设的重大任务。

我国农业人口众多,发展现代农业、建设社会主义新农村,是一项伟大而艰巨的综合工程,不仅需要深化农村综合改革、加快建立投入保障机制、加强农业基础建设、加大科技支撑力度、健全现代农业产业体系和农村市场体系,而且必须注重培养新型农民,造就建设现代农业的人才队伍。

胡锦涛总书记在党的十七大报告中进一步指出,要培育有文化、懂技术、会经营的新型农民,发挥亿万农民建设新农村的主体作用。

新型农民是一支数以亿计的现代农业劳动大军,这支队伍的建立和壮大,只靠学校培养是远远不够的,主要应通过对广大青壮年农民进行现代农业技术与技能的培训来实现。金盾出版社在对农业岗位培训进行广泛调研的基础上,与中国农业大学老科技工作者协会、华中农业大学老教授协会等单位共同策划,约请数百名农业专家、学者参加,组织编写了“新型农民现代农业技术与技能培训丛书”(以下简称“丛书”)。“丛书”坚持从现阶段我国青壮年农民的文化技术水平出发,突出现代农业技术与技能的传授,注重其先进性和实用性;“丛书”以教材形式编写,共有88个分册,涉及81个农业岗位,除水稻农艺工、蔬菜园艺工、蔬菜植保员、果树植保员分南方本和北方本外,其他均为一个岗位一本培训教材,以方便县(市)、乡(镇)、村组织新型农民培训和农业企业进行岗位培训时选用。“丛书”的组编和出版，还得到了河北农业大学、沈阳农业大学、西北农林科技大学、甘肃农业大学、北京农学院、山东畜牧兽医职业技术学院、大连民族学院、中国农业科学院茶叶研究所、中国农业科学院油料研究所、中国农业科学院郑州果树研究所、中国农业科学院特产研究所、中国农业科学院桑蚕研究所、中国养蜂学会、内蒙古自治区农牧科学院、甘肃省蔬菜研究所、山东省果树研究所、广西壮族自治区柑桔研究所、山西省畜牧兽医研究所等单位部分专家、教授的支持和参与，并列入劳动和社会保障部《全国职业培训与技能鉴定用书目录》，进行推荐，使我们深感欣慰，在此表示衷心感谢。我们希望和相信，通过“丛书”的出版发行，能为新型农民队伍的发展壮大贡献一份力量，也能为现代农业技术与技能培训积累一些可供借鉴的经验。

“丛书”编写时间有限，各分册存在不足或错漏在所难免，恳请同仁和各使用单位批评指正。

编 委 会

2008 年 1 月

目　　录

第一章　小麦农艺工岗位职责和素质要求

一、小麦生产在粮食生产中的地位

小麦是世界主要粮食作物之一，种植面积居各种作物之首，全世界有1/3以上的人口以小麦为主粮。目前世界种植小麦面积最大的国家有中国、印度、俄罗斯和美国，单产最高的国家是荷兰、英国、德国和法国。

在我国，小麦种植面积和总产量均占全国粮食作物的25%左右，仅次于水稻而居第二位。目前我国每年的小麦面积稳定在2 700万公顷左右，是我国最重要的商品粮食和贮藏品种。小麦营养价值高，籽粒中的含氮物和无氮物的组成比例很适合人体生理需求，而且它含有丰富的谷蛋白和麦胶蛋白（也称面筋），适合制作松软多孔、易于消化的馒头和面包，这是其他谷类作物达不到的。小麦的麸皮、麦秸和麦糠可作饲料，麦秸还用于编织各种手工制品和造纸原料。

冬小麦是越年生夏收作物。它不仅可以充分利用秋、冬和早春低温时期的光热资源，以营养体覆盖田面，减少裸露，而且在生育期间或收获后还可与本年春播和夏播作物配合，采用间套复种，提高复种指数，既提高了土地利用率，又增加了单位面积的全年产量。

因此，小麦产量高低和品质的优劣直接关系到国民经济发展和粮食安全，在我国粮食生产中占有重要地位。

二、小麦农艺工的岗位职责

随着我国小麦生产条件的不断改善和品种的改进,栽培技术也在不断提高。科学技术的发展也使许多新技术应用到小麦生产中。根据当地实际生产情况,不断吸纳新技术、新手段,促进小麦产量的提高、品质的不断改善和成本下降是每一个生产者和农艺工的职责和目标。在农业技术人员的指导下,应掌握小麦获得高产和优良品质的各项农艺过程,并了解与小麦种植技术有关的相关信息和技术,建立必要的种植思路和概念。

(一)小麦的大田生产是个群体生产过程

小麦大田生产的基本形式是以群体的状态进行种植和管理的。小麦的群体是由个体聚集而成,但又不是个体的简单相加,而是由个体组成的有机整体。所以在研究小麦产量形成的过程时,既要观察研究个体发育状况,更要着眼于观察和分析群体的结构、性状和动态;既要研究了解小麦本身的特征和变化,又要掌握环境条件变化对小麦个体和群体质量和数量的影响。在进行田间管理时,既要注重培育健壮的个体,又要兼顾群体的稳健、合理发展。从而达到个体充分发挥,群体产量得到明显提高的目的。随着小麦产量水平的不断提高,如何充分合理地利用光能,提高群体的光合生产率,就成为栽培技术体系中的问题。其中群体的大小、构成群体的器官长相和群体性状在群体内的分布等,更成为研究和关注的重点。因此,作为一个农艺工在进行田间管理时,要注意观察和记载小麦个体和群体的状态,为农业技术人员进行措施决策提供必要的基础材料和数据。

(二)小麦的大田生产与环境条件密切相关

环境条件的改善和品种改良是提高小麦产量和品质的两大关键要素。环境条件包括当地的气候条件(如光、温、水的变化动态)、生产条件(如土质、灌溉条件、机械化程度、肥料、农药等物资的供应状况)以及由栽培措施引起田间状态的变化等。从小麦生长和生物学特征分析看,外界环境条件的变化,如营养、水分供应,气候的变化,田间管理措施的实施等均会影响小麦生长发育和产量的形成过程,如植株的高矮、叶片大小、个体健壮程度、叶片颜色、田间的繁茂程度、穗子的稀密、穗子的大小等。而田间植株的这些变化,又反过来影响大田群体的光、温、水、气的变化,并反过来对自身发育产生影响。所以作物与环境的作用是双向的过程。从作物与环境的关系看,小麦生产实质上是一种探索作物与环境相互影响的一门科学。二者的协调程度决定产量的高低和品质的优劣。在小麦生产过程中,为了达到高产、优质、稳产、低耗、高效等目的,有必要了解在当地环境条件下,环境或措施改变对小麦生育的影响。并记载这个变化过程,以便总结经验,为修正翌年田间管理过程及措施提供依据。

(三)小麦栽培技术是个不断的发展过程

我国小麦平均产量,20 世纪 50 年代初期仅为 645 千克/公顷,至 1970 年达到 1 147.5 千克/公顷,1986 年达到 3 045 千克/公顷,至 2006 年达到 4275 千克/公顷。经历了一个由低产到中产,由中产到高产,由高产到超高产的发展过程。小麦生产和产量的增加都与栽培环境的改善和品种的改良密切相关。在栽培技术方面也逐渐由经验管理向科学管理的方向发展,特别是 70 年代以后,栽培技术飞速发展,各地根据自身的生态条件、生产条件和品种发展,推广了更科学、更省力、更高产的栽培技术或技术体系。

20世纪70年代，中国农业大学通过研究小麦器官建成、器官相关与肥水效应，提出了小麦器官的促控技术；相继莱阳农学院提出以分蘖成穗为主的高产模式；1979年，余松烈提出“小麦精播高产栽培技术”；80年代初，陕西提出“氮、磷化肥配合一次深施技术”，山西提出了“旱地麦播前一次性定量技术决策模式”；1985年，山东侯庆福等提出“冬小麦晚播独秆栽培法”；1989年，莱阳农学院提出“旱地冬小麦高产栽培技术”；不久，单玉珊提出“小麦高产多途径理论及其配套技术”；之后，各地又相继推出“旱地小麦高产栽培技术”、“小麦覆膜栽培技术”、“小麦小窝密植栽培技术”等适合本地高产的栽培技术或技术体系。至90年代，各地栽培研究与技术向更深层次发展，主要在小麦抗旱节水栽培、小麦超高产栽培等方面取得明显进展。1996年，甘肃提出“小麦全生育期地膜覆盖穴播栽培技术”，中国农业大学推出“小麦节水高产栽培技术”、“冬小麦节水省肥高产简化四统一栽培技术”等。另外，各地还针对自身环境条件、生产条件、品种特性、种植习惯等，提出了“窄行密植匀播超高产栽培技术”、“冬小麦北移种植技术”等。

由上可见，小麦栽培技术是个不断发展的过程，它随着环境和生产条件的改善、品种的更新、栽培技术的完善和进步在不断发展，不断创造适宜本地条件的新的栽培技术类型和措施，所以农艺工要结合本教材有关小麦栽培的基本知识及共有的基本规律，在农技人员的指导下，结合本地实际，按选择的栽培类型落实好措施。

（四）追求更高的产量目标是对品种和栽培技术提出的新要求

小麦生产由低产到中产、由中产到高产、由高产到超高产的发展过程，无不体现出生产条件改善和品种改良的印迹。因此，在小麦生产的发展过程中，栽培技术在不断发展和创新，品种选育也在更高产、更优质、更抗逆的方面取得相当的进展。可以说，单产水平的不断提高与新品种的增产潜力有密切关系，特别是当前品质的改良不仅成为育种工作的热点，也成为栽培技术的重要课题，要达到高产优质的双重目标，就必须做到品种与栽培技术的密切结合。品种是高产优质的基础潜力，而栽培技术则决定潜力的发挥程度，只有二者结合才能完成“高产、稳产、优质、低耗”的新目标。作为农艺工要认识二者的关系，不要认为选择了好品种就一定能够达到高产优质，同种栽培措施的实施也必须依品种特性而有所不同，不能千篇一律。同时，要执行的措施必须按质、按量、按要求落实到位。

（五）需要明确小麦生产中的几个问题

1. 提高平均单产　我国小麦种植面积随着工业化和机械化进程的加快，近年来有缩减趋势，因此要保持和提高我国小麦总产水平，唯一可行之路是提高单位面积产量。我国小麦种植面积大，分布广，各地生产条件差异极大，因此地区间、地块间产量差异也很显著，中低产田仍占有很大比例，所以改善中低产田的生产条件和提高中低产田的生产水平是大幅度提高我国小麦单产水平的重大任务。

2. 不断引进新技术　在一个地区，小麦栽培技术具有相对的稳定性和区域适应性。也就是说，一项栽培技术在一个地区的推广和应用，并被生产者所接受，总有它一定的道理或理由，因此传统的栽培技术不可能在短时间内发生重大改变。但这并不表示不接受新的技术，反而应该不断引进新技术、新方法来改造和完善现行推广的技术，使产量不断提高，效果不断增加。作为农艺工要善于接受这些新技术，学习这些新技术，并认真实施。

3. 推广节水栽培技术　水资源短缺是日益受到世人关注的问题。我国是水资源十分短缺的国家，人均水资源占有量仅为世界人均占有量的1/4。目前我国农业用水约占总用水量的75%左右。小麦是我国的主要粮食作物之一，又生长在旱季，是除水稻外消耗灌溉水量最多的作物，占总灌溉用水的70%左右，因此小麦节水栽培对保护和合理利用水资源有重要意义。在目前的小麦管理中要提倡节水高产栽培，在不影响产量的前提下，尽量减少灌水量和灌溉次数，还要建立适合本地区、本地块的综合栽培节水栽培技术体系。

4. 推广省肥栽培技术 化肥在小麦由低产到高产的发展过程中起到很大的作用。据世界粮农组织统计，化肥对粮食的贡献率占40%左右。我国能以占世界7%的耕地养活占世界22%的人口，化肥起了重要作用，因为要让作物增产，不可能不涉及化肥供应及化肥应用问题。随着我国小麦产量的提高，在一些地区和一些地块也出现了化肥投入与产出极不相称的现象，即化肥施用量增加了，但化肥利用率却下降了，或并不带来产量的相应增长，显然有些化肥被浪费了。这不仅造成了经济上的损失，还污染了环境，引起地表水富营养化、地下水硝态氮含量超标等环境问题。所以在小麦生产中，不要盲目追求施肥量，有条件的要做到科学施肥，如测土施肥、配方施肥、精确施肥等。农艺工应能在技术人员指导下，学习观察小麦长势，特别是根据叶片颜色的变化，做出施肥量是否过量或不足的初步诊断，并做到按量施肥、均匀施肥。

5. 建立田间管理档案 小麦生产过程是小麦、环境和措施共存互作的系统。品种潜力表达取决于环境的适合程度，而措施是协调小麦与环境关系的重要手段。因此，为了便于总结经验和积累资料，应对每块田建立田间档案，记载从播前准备至小麦成熟收获各环节的田间管理事宜，包括播种、出苗时期，各生育时期出现时间，施肥、灌水的数量和时间等。也包括小麦生产过程中出现的一些灾害性天气和不测事件等。

三、小麦农艺工的素质要求

（一）思想素质

①热爱本职工作，忠于职守，能按质、按量完成各项工作。

②具有现代农业意识，努力学习新技术。

③团结同事一道工作。

④具有环境与安全意识。

(二)业务素质

①具有初中以上文化程度。

②掌握和熟悉主要农事活动过程和操作技能。

③了解小麦的生长发育过程及生长发育与环境条件的关系。

④掌握小麦器官——根、茎、叶、蘖、花、粒的形成过程，及如何利用栽培技术控制其形成。

⑤掌握小麦的产量是如何形成的，特别是三个产量因素如何在小麦的生长发育过程中不断形成，哪些措施可以调节它们的形成过程。

⑥根据产量目标，通过诊断苗情，制定恰当的技术措施。

⑦学会根据当地气候条件、生产条件、品种特性等，选择适宜当地或地块的高产技术类型，并能按各栽培类型的特点安排田间管理。

⑧根据当地实际，掌握防治病、虫、草害的技术和要领。

⑨学会对小麦生长发育过程及田间管理过程的记载。

⑩学会写出小麦生产的年度总结。

思考题

1. 怎样理解小麦大田生产是一个群体生产过程？

2. 目前小麦生产中的常见问题有哪些？

3. 为什么要对我国小麦栽培技术体系进行不断改进？

第二章 小麦的基础知识

一、我国小麦的类型和分区

(一)小麦的类型

小麦属禾本科(Gramineae)小麦属(*Tricticum*)。根据小麦体细胞染色体数目,可把小麦分为不同的类型(种和变种)。我国小麦的种和变种主要有以下 6 种。

1. 普通小麦 占绝大多数,约 96%以上,遍布全国各地,是我国主要的栽培类型。

2. 圆锥小麦 约占 2%,在我国中部、西部和西北部有零星种植。

3. 硬粒小麦 分布于西南和西北地区,约占 1%左右。

4. 密穗小麦 不足 1%,分布于我国西南和西北地区。

5. 波兰小麦 主要在新疆维吾尔自治区种植,数量极少。

6. 云南小麦 普通小麦的一个亚种,是我国独特的一种小麦类型,春性强,不易脱粒,种植于云南的西部地区。

按春化特性和播期,可把小麦分为冬小麦和春小麦两大类。本培训教材以普通小麦中的冬小麦为主要讲授内容,同时对春小麦也作了简要介绍。

(二)小麦栽培分区

小麦适应性强,在我国广泛种植,南起海南岛,北至漠河,西起新疆，东抵渤海诸岛，从平原到高山均有栽培。我国麦田面积每年稳定在2 700万公顷左右，冬、春麦均有种植，其中冬小麦占4/5以上，春小麦约占1/5。由于各地自然条件、种植制度等的不同，小麦的分布形成明显的自然区域，可大体分为3个大区10个亚区。

1. 冬麦区 含5个亚区：北方冬麦区、黄淮平原冬麦区、长江中下游冬麦区、西南冬麦区、华南冬麦区。

2. 春麦区 含3个亚区：东北春麦区、北方春麦区、西北春麦区。

3. 春冬麦兼种区 含2个亚区：新疆春冬麦区、青藏高原春冬麦区。

二、小麦的生育期

小麦从种子萌发出苗到产生新种子所经历的时间称为全生育期(简称生育期)。由于我国种植地域广，生态条件复杂，各地的生育期不尽一致，一般冬小麦在230～260天及以上，春小麦约为100～130天，也有90天以下的地区。

小麦一生中，由于茎顶生长锥的不断分化和发育，逐渐形成根、茎、叶、花、果实等不同的器官，植株的外部形态也发生有序的演化，并使生育过程的每一阶段呈现一定的生理生化特点和生物学特点。小麦的产量，就是在个体各器官的协调生长和个体与群体协调发展中逐步形成的。

三、小麦的生育时期及记载标准

在生产和科研活动中，人们为了管理和交流上的便利，常依据小麦植株器官发生的顺序和便于掌握的明显特征，把全生育期划分为若干生育时期。具体分期和记载标准如下。

播种期：种子播入土中。记载播种日期，以年、月、日表示。

出苗期：小麦的第一片真叶露出地表2厘米为出苗标准。当全田有50%以上幼苗达到出苗标准时，记载为出苗期，以日/月表示。

分蘖期：植株第一蘖露出叶鞘1厘米时为分蘖标准。当全田50%以上植株达分蘖标准时，记载为分蘖期。

起身期：麦苗由匍匐状开始向上生长，冬麦年后第一片叶的叶鞘显著伸长，当其叶耳与年前最后一叶的叶耳距离（简称叶耳距）达1.5厘米左右时，称之为起身。全田50%以上植株达此标准，记载为起身期，此时春二叶约露出第一叶叶鞘3～5厘米，幼穗分化处于二棱期（小穗分化期）。

拔节期：当茎基部第一伸长节间露出地面1.5～2厘米时，谓之"农学拔节"，即习惯上讲的拔节。此时幼穗分化处于雌雄蕊分化之后，与雄蕊药隔形成期接近。

挑旗（孕穗）期：全田50%以上的旗叶叶片全部伸出叶鞘时，谓之挑旗期。此期与四分体形成期接近。

抽穗期：麦穗（不包括芒）抽出叶鞘1/3时，谓之抽穗。全田50%以上达此标准时，记载为抽穗期。

开花期：麦穗上发育最早的小花开花，即谓之开花。全田50%以上麦穗达开花时，记载为开花期。

籽粒灌浆期：籽粒开始沉积淀粉粒。约在开花后的10天左右。

籽粒成熟期：包括蜡熟和完熟两期。胚乳呈蜡状，称蜡熟或黄熟期，此时粒重达最大。籽粒变硬，籽粒含水率在20%以下，呈现本品种的色泽时为完熟期。

收获期：记载正式收获的日期。一般蜡熟中期为人工收割适期，蜡熟末期为机械收获适期。

上述各生育时期出现的时间，因地区、年份、播期和品种等而异，要逐年逐块进行记载。另外，在冬麦区，尤其是北方的冬麦区，常把“越冬期”和“返青期”也归入生育时期中，其记载标准如下。

越冬期：当冬前平均气温下降到2℃以下，植株地上部基本停止生长时，即为越冬期。

返青期：春季温度回升到2℃以上时，地上部恢复生长，当跨年度生长叶片的新生部分达1～2厘米时，即为返青期。此时植株仍呈匍匐状，麦田呈现明快的绿色。

四、小麦生育对环境条件的需求

(一)对温度的需求

温度不仅制约冬、春麦的分布，而且在特定生态区内，对小麦的个体生育和群体发展产生重要影响。为简便明了，将小麦生长发育与温度的关系列于表2-1中。

表2-1 冬小麦不同生育时期对温度的要求

时 期	所需的温度条件	不利温度条件及影响
播种出苗期	适期播种的温度指标为日平均气温15℃～20℃；越冬前0℃以上积温500℃～600℃；播种至出苗需110℃～120℃积温	日平均气温低于10℃播种，冬前积温＜350℃，一般无冬前分蘖；日平均气温高于20℃播种常使低位蘖缺失，并引起穗发育，不利于安全越冬
分蘖期	气温6℃～13℃时出蘖平稳、粗壮；13℃～18℃出蘖快、但易徒长；出苗至分蘖需220℃～240℃积温	气温＜3℃时不分蘖，3℃～6℃分蘖出生缓慢，＞18℃时分蘖受抑制

续表 2-1

时 期	所需的温度条件	不利温度条件及影响
越冬和返青期	气温稳定在 3℃以下时，地上部逐渐停止生长；分蘖节处的最低温度不低于－13℃或－15℃；翌春气温回升到 2℃～3℃时，麦苗开始返青，继续分蘖	冬季严寒和倒春寒，易发生冻害
起身至孕穗期	小麦穗分化适温为 6℃～8℃，<10℃时的温度有利于大穗形成；拔节适温为 12℃～16℃，孕穗期适温为 15℃～17℃	小麦起身尤其是拔节后耐寒力降低，遇有－6℃低温时，幼穗受冻，结实率严重降低
抽穗和开花期	开花适温为 18℃～20℃，最低为 9℃～11℃，最高 32℃	气温低于 9℃时，延迟开花，影响授粉；气温高于 35℃、土壤水分低于田间持水量的 50%，降低结实率，形成缺粒
建籽和成熟期	建籽期适温为 18℃～22℃，灌浆期适温为 20℃～22℃	高温、干旱易引起茎叶早衰、粒重低；成熟期间温度上限为 26℃～28℃，下限为 12℃～14℃

(二)对土壤的需求

小麦对土壤的适应性广，我国各地的大多数土壤都能种植。但就高产而言，良好的土壤是丰产的基础条件。

最适宜种植小麦的土壤质地是壤土(以中性壤土为最好)，因这类土壤一般具有较强的保水保肥能力，增产潜力大。

小麦喜耕层深厚、结构良好的土壤。土壤容重以 1.14～1.26 克/厘米^3 为宜。耕层有机质含量在 1%以上、全氮在 0.06%以上，速效氮 30～40 毫克/千克，速效磷 20 毫克/千克以上，速效钾 40 毫克/千克以上。

小麦可生长在土壤pH值6.0～8.5的范围内，但以6.8～7.0的中性土壤为最好。土壤总盐量以不超过0.2%为宜。

(三)对营养的需求

1. 所需的营养元素　小麦和其他作物一样，要维持其正常生育并获得高产，就必须供给充分的营养。小麦生长发育所需的营养元素主要有碳、氢、氧、氮、磷、钾、钙、镁、硫、铁等大量元素和锰、铜、锌、硼、钼等微量元素。其中碳、氢、氧虽然在小麦干物质中占95%左右，但它们在空气和水中大量存在，一般不成为营养元素供应的主要问题。其他元素虽然只占干物质的5%，但它们对小麦生长发育及干物质的生产、分配和累积起着主要的作用，是不可或缺的营养元素。其中氮、磷、钾的需求量最大，称为肥料三要素，如果出现供应不足或供应失调的情况，则会严重影响小麦的生长发育，并使产量形成受到制约。营养元素中的微量元素虽然需求量很少，但它们对调节小麦正常生长和产量形成也都有着各自不可缺少的功能。可以说，营养元素充分和协调的供给是小麦正常生育和获得优质高产的重要基础。

2. 对氮、磷、钾的需求量　小麦对氮、磷、钾的需求量，因品种、产量水平、地域条件、栽培水平等存在一定差异，但也有一定相对规律性。一般认为每生产100千克小麦籽粒，约需纯氮(N)3千克，磷素(P_2O_5)1～1.5千克，钾素(K_2O)3～4千克，其大致比例为1∶0.5∶1.2。小麦所需的这些营养元素大致有两个来源，一方面来自于土壤的贮备，另一方面靠施用有机肥或化学肥料。

3. 不同生育时期氮、磷、钾的吸收量　冬小麦在不同生育时期对氮、磷、钾的吸收有明显的阶段性。各地试验资料表明，其吸收规律可归纳如下。

(1)对三要素的吸收量与植株生长量相一致　如冬小麦返青前植株生长量小，吸收数量也少，氮、五氧化二磷、氧化钾的吸收量分别占吸收总量的17.04%、11.11%、9.75%；返青后，随植株长大，吸收数量逐渐增加，以拔节到开花阶段增加最快。到开花期，氮、磷、钾的吸收量分别占吸收总量的71.97%、92.54%、100%。

(2)小麦不同生育时期对三要素的吸收比例不同 ①越冬前是以长根、长叶、长蘖为主的时期，氮的吸收最多，其次是磷和钾，在高产条件下，虽然累积量的百分数不变(14%左右)，但吸收的氮量却比中产小麦增加近1倍。可见越冬前是小麦吸收氮素营养的关键时期之一。②起身至挑旗前是全生育期吸氮最多的时期，约占全生育期总量的1/3，是小麦氮素营养的最大效率期。③拔节开花是茎秆急剧生长的时期，吸收的钾量最多，在高产条件下更为明显。④拔节后吸收磷的量明显增加，尤其是孕穗后，磷的吸收量占全期的1/2以上(表2-2)。

2-2 小麦不同生育期吸收氮、磷、钾的比例

生育时期	吸收百分比(%)		
	氮	磷	钾
越冬期	14.87	9.07	6.95
返青期	2.17	2.04	3.41
拔节期	23.64	17.78	29.75
孕穗期	17.40	25.74	36.08
开花期	13.89	37.91	23.81
乳熟期	20.31	7.46	—
成熟期	7.72	—	—

(3)拔节期是小麦需肥的临界期 小麦拔节期对氮、磷、钾的需求量均大。此期缺肥对产量影响极大。

4. 生产中常用氮、磷、钾化肥的成分及含量 生产中常用的氮、磷、钾素化肥的成分及有效成分含量分别列于表2-3，表

2-4，表 2-5。

表 2-3　几种常用氮素化肥的成分及含量　（%）

肥料名称	尿　素	硫酸铵	碳酸氢铵	氨　水	氯化铵	硝酸铵
化学成分	$CO(NH_2)_2$	$(NH_4)_2SO_4$	NH_4HCO_3	NH_4OH	NH_4Cl	NH_4NO_3
N 含量	46	20～21	17	12～17	24～25	33～35

表 2-4　几种常用磷素肥料的成分及含量　（%）

肥料名称	磷酸二铵	过磷酸钙	重过磷酸钙
化学成分	$(NH_4)_2PO_4$	$Ca(H_2PO_4)_2+CaSO_4$	$Ca(H_2PO_4)_2$
P_2O_5 含量	20	14～20	36～52
肥料名称	磷矿粉	钢渣磷肥	骨　粉
化学成分	$Ca_3(PO_4)_2$	$Ca_2P_2O_9 \cdot CaSiO_2$	$Ca_3(PO_4)_2$
P_2O_5 含量	14～25	5～14	20～30

表 2-5　几种常用钾素肥料的成分及含量　（%）

肥料名称	氯化钾	硝酸钾	硫酸钾	硫酸钾镁肥	窖灰钾肥
化学成分	KCl	KNO_3	K_2SO_4	$K_2O \cdot MgSO_4$	$K_2O \cdot CaO \cdot SiO_2$
K_2O 含量	55～60	45	48	23～30	8～12

（四）对水分的需求

1. 小麦的耗水量　小麦的耗水量（或需水量）是指小麦从种到收的整个生育期间的麦田耗水量。小麦一生的总需水量约为 400～600 毫米（每 667 米^2 260～400 米^3），其中包括 30%～40%的土壤蒸发（指由土表直接散失的水分）、60%～70%的植株蒸腾（指由小麦体表散失的水分）和少量的重力水流失。土壤蒸发是对植株不利的水分损失，应尽量避免。植株蒸腾则是小麦正常生育所需的生理过程。一般小麦每生产1克干物质，需要由叶面蒸腾400～600毫升的水分。那么，每生产1千克小麦籽粒需要消耗多少水呢？一般高产麦田每生产1千克小麦籽粒约耗水630～700升，中产麦田约需700～850升，低产麦田约需1 000～1 400升。

2. 小麦不同生育时期的耗水特点 小麦不同生育时期的耗水量与气候条件、产量水平、田间管理状况及植株生育特点等有关。

(1)拔节期以前 植株小、温度低，耗水量较少，而且以土壤蒸发为主。这段时间占全生育期的2/3，耗水量只占总耗水量的1/3左右。

(2)拔节至抽穗期 植株生长量剧增，耗水量也急剧上涨，此间土壤蒸发减少，叶面蒸腾量显著增加。在拔节至抽穗的1个月内，耗水量占全生育期的1/4左右，耗水强度（日耗水量）每667米^2 达4米^3 左右。

(3)抽穗至成熟的35～40天内 耗水强度每667米^2 达5米^3 左右，阶段耗水量为总耗水量的40%左右。可见，后期保持土壤适宜的水分，对争取粒重具有重要意义。

3. 小麦各生育时期适宜的土壤水分状况 麦田耗水以1米深以内的土层为主。其中0～20厘米是主要供水层，土壤水分含量变幅也大；21～50厘米为次活跃层，也是重要的供水层；51～100厘米为贮存层，水分含量较稳定，占耗水量的25%左右。小麦生育期间的适宜土壤水分含量，一般以0～20厘米土壤含水量为主要依据。

(1)播种出苗期 耕层土壤含水量以保持田间持水量的70%～80%为宜，<65%时应浇底墒水。

(2)分蘖期 土壤含水量以保持田间持水量的70%～80%为宜，低于50%分蘖率明显下降。

(3)越冬和返青期 土壤含水量低于田间持水量的70%时需

浇冻水，返青期以保持田间持水量的70%为宜。表土干旱缺墒影响返青，甚至死苗。

(4)起身至孕穗期　土壤含水量以保持田间持水量的70%～75%为宜，低于50%时，结实率严重降低。

(5)抽穗和开花期　开花期土壤含水量以保持田间持水量的70%～80%为宜，低于50%时，会降低结实率。

(6)建籽和成熟期　建籽期土壤含水量以保持田间持水量的70%～80%为宜，成熟期可保持60%～70%，有利于籽粒成熟。

4. 中壤质土壤水分状况及供水能力　见表2-6。

表2-6　中壤质土壤水分状况分级表　(%)

土壤水分状况分级	极少墒		少墒		中等墒		丰墒	
土壤水分含量	含水量	占田间持水量的百分比	含水量	占田间持水量的百分比	含水量	占田间持水量的百分比	含水量	占田间持水量的百分比
	＜15.5	＜58	14.5～17.0	58～70	17.0～20.0	70～80	＞20.0	＞80
对冬小麦的供水能力	供水能力大受限制，除蹲苗、收获期外，小麦生长受较大影响		对小麦供水能力受一定限制，但水分匮缺尚不太大		对小麦有相当的供水能力，一般不感匮缺		能充足供水，但大于田间持水量85%时，则水分过剩	

五、小麦的发育过程

小麦的茎顶生长锥是小麦器官建成的中心。根、茎、叶、穗、花、籽粒等器官的出现和形成，都与茎顶生长锥的分化和发育有关。在小麦完成从萌发到长成新种子的整个生育过程中，除要求一般生育所需的综合条件(光、水、肥、气、热和矿质营养等)外,往往在生育的某个时期,对某一条件(因素)有特殊的量和质的要求,若这一特殊条件得不到满足,小麦便不能顺利完成正常发育,即不能抽穗结实。目前知之较多的是春化现象和光周期现象。

(一)春化现象(作用)

小麦自种子萌发出苗后,需要经过一定程度和一定时间的低温,才能使发育继续进行,形成结实器官,否则,植株只能停留在分蘖状态。人们把这种现象叫春化现象或称“春化作用”。如将未经春化处理的冬小麦种子春播,往往因高温条件而不能进入生殖生长。

根据不同品种通过春化所需温度和时间的不同,大致可划分为 3 种类型,即冬性品种、半冬性品种和春性品种。

冬性品种:通过春化的适温为 0℃～3℃,需时 35 天以上。这类品种对温度反应敏感,如果温度过低,春化缓慢;温度过高,则不能完成春化。未经春化处理的种子春播,不能抽穗。

半(弱)冬性品种:通过春化的适温范围为 0℃～7℃,需时 15～35 天。未经春化处理的种子春播,一般不抽穗或延迟抽穗,而且不整齐。

春性品种:对温度反应不敏感,可分为两种类型。一种春化适温范围为 5℃～20℃,需时 5～15 天,用于北方春播,能正常抽穗;另一种春化适温范围为 0℃～12℃,需时 5～15 天,用于南方秋播。

小麦从种子萌动到整个分蘖期间,只要有适宜的温度条件,均能感受春化作用。如将萌动的冬性品种进行人工春化处理后春播或在冬前日平均温度降至 3℃～4℃时播种,种子虽在冬前只萌芽而不出苗,但春季出苗后仍能正常抽穗结实。

处于春化时期的冬小麦,能忍耐－20℃～－30℃的低温,一旦通过春化而进入光照时期，抗寒性则大为降低。如半冬性品种播种过早或春性品种在冬性品种的适播期内播种，由于越冬前即完成春化而进入光照时期，抗寒性下降而造成越冬期死苗。

小麦在春化过程中，主要分化和形成根、茎、叶、蘖等营养器官，当春化过程完成后，这些营养器官基本分化完毕，因此春化过程是决定叶片、分蘖等数量的重要时期。在生产中，一般春化过程历时较长时，单株各营养器官的数目也多。如适期早播的小麦比晚播小麦的叶、节、蘖数目多，冬性品种一般比春性品种多。

(二)光周期现象

小麦在通过春化后，若条件适宜(4℃以上的温度和一定的日照长度)则可感应光周期。

小麦对光周期的敏感期，一般认为是从茎生长锥伸长开始，至雄蕊原基分化期。小麦是长日照作物，根据品种对日长反应的不同，大体可分为反应敏感型、反应中等型和反应迟钝型。

反应敏感型：在每天 8～12 小时光照下均不能抽穗，需在 12 小时以上的光照条件下才能抽穗。一般冬性品种需时 30～40 天。冬性品种和高纬度地区的春性品种一般属此类。

反应中等型：每天 8 小时光照下不能抽穗，在 12 小时光照下可以抽穗。需时 24 天左右。一般半冬性品种属此类。

反应迟钝型：每天 8～12 小时光照下均能抽穗。需时 16 天以上。一般原产于低纬度的春性品种属此类。

在光照条件和其他条件适宜时，温度在 20℃左右完成光周期反应最快，温度低于 10℃或高于 25℃时趋向缓慢，温度低于 4℃时不能进入此阶段。由此可见，春季温度回升得快慢，影响光周期反应持续时间的长短，并从而影响穗部器官的数量。延长持续时间，有利于增加每穗小穗数和小花数目。

在阶段发育理论中，上述春化现象即指春化阶段，光周期现象即指光照阶段。

(三)了解小麦发育过程的实践意义

对于以收获籽粒为对象的小麦而言,能否进入春化和光周期反应,是能否完成由营养生长向生殖生长转变,开始穗、花发育的关键环节。因此,掌握小麦的这一生育特性,对于正确运用栽培措施争取高产有重要意义。

在小麦栽培中,除其他因素外,与发育有关的注意事项如下。

第一,依品种类型安排播期顺序。冬性类型品种相对于春性品种对春化温度要求较低,持续时间也较长,在安排播期时,可在适期内早播,而越是偏春性的品种越要适当晚播。这样可以避免春性品种于越冬前在4℃以上温度下进入光周期而遭遇冻害。同理,冬性品种播种过早也会遇到这样的问题。

第二,除温度、地力等条件外,基本苗数的确定也与小麦发育过程有关。因春化阶段持续时间长时,叶、节、蘖等营养器官的分化数目多,单株营养体较大,故早播基本苗可适当少些,而晚播苗的个体相对较小,应适当加大播量。

第三,要正确引种,不可盲目从高纬度地区向低纬度地区引种,或从低纬度地区向高纬度地区引种。在跨越较大纬度引种时,会遇到由于春化和光周期特性不同而带来的诸多生育和生产问题。如将南方品种引种到北方种植,可能因抗寒性差而引起越冬期大量死苗;北方品种引入南方种植,可能会因光周期障碍造成不能抽穗或延迟抽穗或抽穗不整齐的问题。所以,从小麦发育的需要出发,应从同纬度地区或相近纬度地区引种,并经过引种试验。

第四,小麦的春化作用可以在种子萌发、幼苗等不同的状态下开始或通过。因此,在生产上,适期播种的小麦萌发出苗后由于温度较高,并不能马上进入春化发育,只有当温度降到该品种要求的温度条件时才能开始。而晚播小麦或早播春小麦由于播种时温度较低，种子萌动后即开始进入春化阶段的发育过程。但它们在4℃温度下，均不能进入光周期的发育过程。因此，冬性品种只要不过于早播，越冬前一般均停留在春化阶段，并保持较高的抗寒能力。春性品种春播时应尽量提前，以争取有较长的营养生长阶段，有利于形成壮苗、壮株、大穗。

第五，由春化和光周期发育过程可看出，小麦的生长和发育是相辅相成的、不可分割的过程，所以统称为生长发育过程。在春化过程中，主要分化和形成根、茎、叶、蘖等营养器官，是以营养生长为主的时期，也是决定个体营养器官数量和大小及单位面积穗数的重要时期。光周期发育正处于小麦的营养生长和生殖生长的并进时期，这时已分化而未生长的营养器官陆续出生和形成，穗器官也快速分化和形成，是小麦一生中生长量最大、矛盾最多的时期，在生产管理上要给予特别的关注。

第六，小麦进入光周期发育的标准，一般认为是茎顶生长开始伸长或开始分化小穗原基；当小麦开始拔节，幼穗分化至雌、雄蕊原基分化期时，说明光周期发育已经完成。因此，小麦的主茎能否拔节，是判断光周期发育是否完成的重要标志。凡不能完成光周期发育的麦苗，一般都停滞在分蘖状态。因此，在大田生产中，如发现当地日平均气温上升到10℃左右，而小麦尚未拔节时，要特别注意观察，找出原因（如是否种错种子等），并及时采取补救措施。

六、小麦的器官及其建成过程

（一）种子及萌发出苗

1. 种子的构造　小麦的种子在植物学上称为颖果。麦粒顶端有短的刷毛着生，腹面凹陷处称腹沟，腹沟两侧称为颊，种子背面称为脊，背面的基部是胚。

种子的大小及其长度、宽度和厚度因品种而异。千粒重的变幅也很大，受品种、栽培环境、管理水平等影响。

小麦种子由皮层、胚乳和胚三部分构成。

(1)*皮层* 包括果皮和种皮，约占种子重量的5%～7.5%，起保护胚和胚乳的作用。皮层的不同颜色是由皮层中一层交叉排列的薄壁细胞内所含色素不同引起的。皮层的厚度及色泽与种子休眠有关。一般白皮麦休眠期短，收获时遇雨易穗发芽；红皮麦的休眠期相对较长，抗穗发芽能力较强。皮层较厚的籽粒，出粉率较低。

(2)*胚乳* 包括糊粉层和粉质胚乳两部分，约占种子重的90%～93%。糊粉层由一层大型薄壁细胞组成，它外贴种皮，内裹粉质胚乳。糊粉层占种子重量的7%左右，富含矿质营养，但加工时一般与皮层一起成为麦麸。粉质胚乳(是由淀粉细胞组成)约占胚乳重的3/4，是加工面粉的主要来源。胚乳中所贮藏的营养物质也是种子萌发及幼苗生长初期所需养分的主要来源。

(3)*胚* 胚由胚根、胚轴、胚芽、盾片等部分组成，是一个高度分化的幼小植株的雏形。胚根包括1条主胚根和4～5条侧根。胚芽包括胚芽鞘、生长点和2～3个叶原基。胚轴连接胚根和胚芽。盾片的一侧连接胚乳，是种子萌发时营养转换和输送的重要部位。胚仅占种子重的3%，但若没有胚或胚丧失生命力，种子则失去种用价值。

2. 种子的化学组成 种子中含有多种化学成分，它们主要是淀粉和其他碳水化合物，蛋白质等含氮物质，粗脂肪及灰分等(表2-7)。

表 2-7 小麦种子的化学组成及分布*（占干物质的%）

成 分	整个籽粒	淀粉胚乳	糊粉层	胚	籽实皮
占整粒%	100.00	81.60	6.54	3.24	8.93
蛋白质(N×5.7)	16.07	12.91	53.16	37.63	10.56
	100.00	65.00	22.00	8.00	5.00
淀 粉	63.07	78.92	0	0	0
	100.00	100.00	0	0	0
糖	4.32	3.54	6.82	25.12	2.59
	100.00	65.00	10.00	20.00	5.00
纤维素	2.76	0.15	6.41	2.46	23.79
	100.00	5.00	15.00	5.00	75.00
多聚戊糖	8.10	2.72	15.44	9.74	51.43
	100.00	27.00	12.00	4.00	57.00
脂 肪	2.24	0.68	8.16	15.04	7.46
	100.00	25.00	25.00	20.00	30.00
矿物质	2.18	0.45	13.93	6.32	4.78
	100.00	17.00	42.00	10.00	20.00

* 依 Epmakob 等，1958

种子的化学组成和分布具有如下特点。

一是就整体看，淀粉含量高达 63.07%，属淀粉类种子。籽粒中的蛋白质含量也达 16.07%，与其他谷物相比，属于高者。

二是淀粉的分布几乎全部在胚乳中，这对于贮藏和分解是有利的。

三是胚的干重仅占种子重的 3%左右，但却含有丰富的蛋白质、糖和脂肪。它们在胚中的分布为：蛋白质占胚的 38%左右，糖占 25%左右，脂肪占 15%左右。可见胚的化学组成与其功能是一致的。

四是在小麦制粉过程中，籽实皮和一部分糊粉层构成麦麸，其中也含有丰富的含氮化合物、脂肪、纤维素和矿物质，是极好的饲料，经精加工后也是优良的食品。

3. 种子的休眠 成熟的种子，给予适宜发芽的外界条件而不发芽的现象称之为休眠。小麦不同品种之间种子休眠期的长短有很大差异，短的只几天，长的达 40 天以上。一般白皮品种的休眠期比红皮品种短。收获期遇雨易穗发芽，所以成熟期间多雨的地区应选择休眠期长的品种。另外，成熟期间阴冷潮湿的天气或在高海拔、高纬度地区，常因种子后熟作用缓慢而延长休眠期。在小麦生产中，播前在阳光下晒种，有助于促进后熟，提高种子的发芽率和整齐度。

4. 种子的萌发 度过休眠的小麦种子，在适宜的水分、温度和空气等外界条件下即开始萌发。种子的萌发即是胚恢复生长的过程。在小麦生产上，通常把种子萌发作为小麦生长发育的开始。种子萌发可分为三个连续的过程，即吸水膨胀过程、物质转化过程和生物学过程。

(1)吸水膨胀过程 处于贮藏中的种子，其含水率一般在 14%以下，这时整个原生质处于凝胶状态，生命活动极微弱。当供给种子水分时，种子中的蛋白质、淀粉等亲水物质以高达 400 兆帕(4 000 巴)的吸水力吸水，使原生质由凝胶状态变成溶胶状态，当吸水量达种子自身干重的 45%时，吸胀结束。吸胀本身属物理过程，不具发芽率的种子也可吸胀，因此单纯的种子吸胀不能作为种子开始萌发的标志。但对具有生命力的种子而言，吸胀是个重要的生命现象，因为由于自由水的存在，才使萌发的生物化学过程得以进行。

(2)物质转化过程 又称为生物化学过程。随着种子吸水，各种酶的活动加强，胚乳和胚中贮藏的营养物质如淀粉、蛋白质、脂肪等在酶的作用下，转化为可溶性的简单物质，如单糖类、简单的含氮化合物等。

(3)生物学过程 胚细胞吸收可溶性的简单物质,进一步把它们合成新的复杂的有机物质用于呼吸、释放能量,供胚细胞的分裂和生长。一般是胚根鞘首先突破种皮而出,称为“露白”,随后胚芽鞘也破皮而出。当胚根达种子长度一半时,为萌发开始。胚根与种子等长、胚芽达种子长度的一半时,为完全萌发或发芽。

5. 出苗与幼苗生长 种子发芽后,胚芽鞘保护幼叶继续向上生长,当胚芽鞘接近或露出地表时停止生长,第一片真叶从胚芽鞘孔伸出。在第一片真叶出现5天左右,第二片真叶出现,这时胚芽鞘与第一片真叶之间的节间(上胚轴)伸长,形成地中茎,将第一片真叶以上的节和生长点推到近地面2~3厘米处。

在种子萌发时,当胚根从胚根鞘中伸出不久,在其上方相继长出第一对和第二对侧根,之后又长出第六条侧根。为了与以后从茎节上长出的不定根相区别,常把这些在第一片真叶出生前伸出的根称为初生根或种子根。

6. 影响萌发出苗的因素 在小麦生产上,对萌发出苗的要求是出苗率高、迅速而整齐,以达到全、齐、匀、壮的目的。种用种子的发芽率应在95%以上,田间出苗率应达85%以上。但在目前大田生产条件下,小麦的出苗率仅在70%~80%。这与以下因素有关。

(1)种子质量 种子质量,诸如种子的大小、成熟度,贮藏中的状态、种子的化学组成等,不仅对出苗率的高低和出苗速度,而且对其后幼苗的生长发育都有很大影响。一般大粒种子、蛋白质含量高、发芽势强的种子对形成壮苗有利。

(2)温度 小麦种子发芽的最低温度为1℃~2℃,最适温度为15℃~20℃,最高温度为35℃~40℃。在其他条件适宜时,从播种到出苗约需积温120℃左右,因此自播种到出苗的天数,因播种时的日平均温度而异。如在最适温度范围内播种,一般需6~7

天。若在10℃以下播种，种子萌发缓慢，易感病。若在日平均温度3℃～4℃下秋播，则当年只能发芽而不能出苗。

(3)水分　土壤墒情是影响苗全、苗齐、苗壮的重要因素。一般认为，种子萌发出苗要求的适宜土壤含水量为田间持水量的70%～80%。

(4)播种深度　小麦的适宜播种深度为3～5厘米，在此范围内，既有利于出苗，又有利于壮苗和安全越冬。

(5)土壤空气　小麦种子萌发时需要充足的氧气。在通常情况下，土壤中的氧气足以保证种子萌发和出苗需要，但在土壤黏重、板结、湿度过大时，往往由于缺氧而不能萌发，甚至烂种。

(6)土壤溶液浓度　当土壤含盐量较高时，种子吸水困难，发芽迟缓。一般当土壤总含盐量在0.25%以上时，出苗率则显著降低。播种时施肥不当、局部浓度过高，也常引起烧芽而影响出苗。

(二)小麦的根

1. 根的组成　小麦的根属纤维状须根系，由种子根(又称初生根)和节根(又称次生根)组成。在通常情况下，种子根一般有3～7条。节根由茎基部的节上发生，一般每节出生1～3条(靠上部的节有3条以上者)。一个成熟植株的单茎上，可长出3～7层节根。节根发育状况对产量形成甚为重要。

2. 根系的出生及其在土层中的分布　初生根、次生根及其分枝根构成小麦的根系。初生根扎根集中、生长迅速，到分蘖期，其长度可达50～60厘米。初生根的入土深度也较深，冬小麦可达3米以下，春小麦达1.5～2米。

次生根着生于分蘖节上，由下向上顺序发生。次生根的发生时间一般在幼苗长到三叶一心(即四叶龄)时，由地中茎以上的主茎节上，穿破第一片叶的叶鞘，长出主茎的第一层节根和第一个分蘖。此后主茎每增加一片叶，发根节位即依次上移。分蘖也循主茎的模式长出自己的节根。次生根在越冬前可达20厘米左右的深度，返青后生长速度加快，至开花时可深达1米以下。但大部分次生根入土较浅，因此多集中于20～30厘米深的耕层中。

小麦根的生长与根系的扩展，以出苗至分蘖期间速度最快，其次是分蘖至抽穗，抽穗至开花日平均增长量最少，开花后则基本停止增长。根系的活力，虽然在灌浆后期开始衰退，但可一直维持到成熟。

大量的研究资料证明，小麦的根系虽然可以深达2米以下的土层，但主要根系却分布在50厘米以内的土层中。据西北生物所(1959)调查，0～20厘米深土层中的根量占总根量的71.4%，0～30厘米占76.9%，0～50厘米占87.2%。

3. 影响根及根系生长的主要因素

(1)温度　小麦根系生长的最适温度为16℃～20℃，最低为2℃，超过30℃则生长受抑制。播种期的早晚对根系发育有显著影响。一般适期播种的小麦，根系发达，抗逆性强。根系生长所适应的低温范围比地上部分广，因此越冬前根系停止生长较地上部晚，而且越冬期间根尚有缓慢生长。翌年返青时根系生长也较地上部早，早春搂麦保墒、提高地温对促进根系发育极为有利。

(2)水分　土壤墒情不足或过于潮湿都对根的生长不利。一般认为根系生长的适宜土壤湿度为田间持水量的70%～80%。

(3)土壤肥力及营养状况　土壤肥沃则根系发达。土壤中氮、磷、钾等矿质元素的有效含量对根系生长有明显影响。在一定用量范围内，氮肥可以促进根系发育，但若用量过多，则易引起地上部徒长而影响根系发育。磷肥则有利于根系向深广扩展，并增加根冠比。在生产上氮磷配合施用效果最好。土壤缺钾则引起根系变小，输导组织退化。

其他诸如耕层深浅、土壤质地、播种密度及光照条件等，均影响根系的生育，在生产上应予以注意。

(三)小麦的茎

1. 茎的形态 小麦的茎由节和节间组成。茎通常有11～13个节间,多数为12个节间。茎基部节间不伸长,地上部伸长节间数一般为4～6个。节间数及伸长节间数,因品种、播期和分蘖节位不同而异。小麦的节间长度,一般是自下而上渐增,呈1∶2∶3∶4∶6的比例。基部第一节间最短,充实度高,其发育状况对抗倒伏性有明显影响。

2. 茎的生长 在生长锥分化叶原基的同时,也进行着茎节的分化。至生长锥开始幼穗分化时(有的认为是在小穗分化期),即不再分化新的茎叶原基。

茎的基部节间不伸长,称为缩短茎,是构成分蘖节的主要部分。小麦的拔节是指地上部节间的伸长活动而言。地上部第一节间的伸长活动始于幼穗分化的小穗分化期(二棱期),此时居间分生组织进行细胞分裂,细胞数目增多,体积加大,节间开始伸长。伸长顺序由下而上依次进行,并呈现重叠交错的现象。如当第一节间快速伸长时,第二节间伸长缓慢,第三节间则待伸长。最上一个节间,即穗下节间的伸长活动在开花期结束,植株高度基本定长。

3. 影响茎生长的因素 茎的生长除受品种特性制约外,外界环境因素也给予强烈影响。

(1)光照 光对植物细胞的伸长有直接的抑制作用,同时又通过光合产物的生产与分配,影响节间长度、粗度、充实度及茎节机械组织的发育等性状。因此,麦田群体过大、结构不良、通风透光差,特别是基部透光率太低(<5%)时,常引起下部节间发育不良而招致倒伏。

(2)温度 茎节的伸长活动一般在10℃以上才开始进行,而后其增长速度随温度升高而加快,以12℃～16℃的温度对形成矮短粗壮的茎秆最有利。当温度高于20℃时，常致茎秆徒长，形成柔软细茎。因此，早春促麦早发，使茎秆伸长始于相对低的温度下，有利于形成抗倒伏的基部茎节。

(3)土壤水分　充足的水分供应可促进茎节的伸长，在不影响穗发育的前提下，拔节前期适度控制土壤水分，常有利于抗倒伏性能好的基部茎节的形成。另外，在高产条件下，水分和肥料的间接作用常大于其直接效应，即水肥不当常招致群体过大，使茎秆发育不良。

(4)矿质营养　氮素促进茎节伸长，而磷素和钾素则有利于茎节长粗和促进其机械组织的形成。

另外，追肥和浇水的时期和数量对节间伸长也有明显影响，在确定增产措施时应予以考虑。

(四)小麦的叶

1. 小麦叶的形态　从发生学上看，小麦的普通叶(完全叶)和变态叶(包括盾片、胚芽鞘、分蘖鞘、颖片等)均属叶性器官。对产量起决定作用的是普通叶。小麦的完全叶由叶片、叶鞘、叶耳和叶舌等部分组成。

(1)叶片　叶片是进行光合作用和蒸腾作用的主要器官。小麦的叶片呈狭长形，平行叶脉。叶片的大小及其长、宽、厚度因叶位而异。

小麦叶的构造包括表皮、薄壁组织(叶肉)、维管束和机械组织等部分。

叶片的上、下表皮由狭长的细胞组成，细胞外壁角质化，有些品种的表皮细胞还延长成表皮毛。表皮细胞间分布着气孔，起调节内外气体交换和水分散失的作用。气孔以上表皮为多，每平方厘米约有3 800个，下表皮仅有1 400个左右。在上表皮两叶脉中间有3～7行机动细胞，当蒸腾过度时，机动细胞可失水收缩使叶片向内卷曲，以减少水分蒸腾。

上、下表皮之间有由薄壁同化组织构成的叶肉细胞，这些叶肉细胞内含有大量的叶绿素和胡萝卜素，是进行光合作用的主体部分。叶绿素在细胞中经常处于形成和分解之中，叶片颜色的深浅，反映植株体内氮、碳代谢水平，是进行田间诊断的重要指标。

小麦叶片中的维管束分布在叶片的下表皮处，大体分为三类：①从叶片基部贯穿至叶尖的粗大维管束；②介于粗大维管束之间，并与之平行的小维管束；③联络纵向大、小维管束的横行的极小维管束。在维管束的上部和下部，都有与维管束平行排列的机械组织。

(2)叶鞘　小麦的叶鞘包围在茎秆之外，基部与节间的顶部联合，其主要作用是加强茎秆强度，保护节间基部的居间分生组织和嫩茎不受损害。叶鞘基部膨大，形成叶节，增强了其对节和节间的保护功能。叶鞘的长度因叶位高低而不同，一般叶位低的叶鞘短，叶位高的叶鞘长。叶鞘内也具同化组织，对小麦后期光合作用及产量形成有重要意义。

(3)叶舌　叶舌是叶片与叶鞘连接处的薄壁组织的突出物，不具有维管组织。它可防止雨水、灰尘和害虫侵入叶鞘。

(4)叶耳　叶耳由一些薄壁细胞组成，共一对。叶耳的颜色有红、紫、绿等色，可作为鉴别品种的标志。

2. 小麦叶的生长

(1)叶片数目　小麦主茎的叶片数目因品种和播期等条件不同而变动很大。一般冬性品种多于春性品种；同一品种，早播的多于晚播的。冬小麦的叶片数多介于 8～14 片之间，凡是冬前未通过春化的小麦植株，冬后的春生叶片大多为 6～7 片，以 6 片居多。各分蘖的叶片数随出生蘖位而变动，一般每上升一个节位，则叶片数减少一片。

(2)叶片分组　按叶片在茎上的着生节位和功能的不同，把小麦的叶片分为两组，即近根叶和茎生叶。

①近根叶：着生于近根的分蘖节上，一般包括主茎的1～8叶及各蘖的同伸叶。这些叶片的功能盛期基本上在拔节以前，其光合产物主要供幼苗生长，起壮苗、壮蘖、壮株作用。这些叶片在抽穗开花期即枯死，对经济产量不起直接作用。

②茎生叶：这些叶均着生在伸长的茎节上，可分为中部叶和上部叶。中部叶指旗叶及旗下叶以外的2～3片茎生叶，这些叶在拔节至孕穗期定型并进入功能盛期。中部叶的光合产物主要供应茎秆生长、充实和穗的分化和发育，其功能和发育状况对茎秆壮弱、小花数目及结实程度，上部叶的大小等有直接关系，并对合理群体结构的建成发生重要影响。上部叶主要指旗叶和旗下叶，其光合产物主要供应花粉粒发育、开花受精和籽粒的形成。上部叶的大小、功能期的长短及光合功能的高低，对籽粒大小、粒重等有直接影响。

(3)**叶的生长** 小麦的叶除胚芽鞘和第一至第三完全叶在成熟种子中已分化外，其余的叶都是在种子萌发后陆续由茎生长锥分化形成的。叶的分化形成分三个时期，即分化期、细胞分裂期和伸长期。对叶片调控的主要时期是叶片生长前期，即细胞分裂期。

小麦叶片的生长进程基本上呈“S”形曲线，即开始比较缓慢，以后逐渐加快，最后又逐渐缓慢并停止。

小麦植株上的每一片叶都循发生、伸展、定型、衰亡的过程。各叶片自伸出到枯衰的持续时间称为叶片生存期。其中，从始伸至定型为叶片的伸长期，从定型至衰亡为叶片功能期。叶片的功能期是叶进行光合作用最旺盛的时期。

(4)**叶面积** 小麦叶面积的大小及其配置形式是衡量群体大小及群体结构合理性的重要指标，而其光合生产率的高低则是影响干物质累积的重要因素。

①片叶面积：指一个叶片的面积。可用各种型号的叶面积仪

测得,或以长×宽×0.83的公式求得。0.83为计算小麦叶面积的系数。在一个单茎上,片叶面积一般以基部较小而上部叶较大,但也因环境、措施而变动。

②单茎叶面积:指单茎上片叶面积的总和。不同蘖位单茎的叶面积不同,一般是随蘖位升高,叶面积降低。通常以主茎总叶面积最大。

③单株叶面积:指单株所拥有的片叶面积之和。单株叶面积的大小因播期、密度、生育时期而变化。起身前,单株叶面积主要决定于单株分蘖数的多少,起身后则主要决定于单茎叶面积的大小和单株有效茎数。

④群体叶面积和叶面积指数:群体叶面积是单位面积上绿叶面积的总和,即群体叶面积=群体绿叶数×片叶面积。群体叶面积是群体结构的主要指标,一般在四分体前后达最大值。

通常衡量群体叶面积大小的指标为叶面积指数(或叶面积系数),即单位面积上的小麦叶面积与土地面积的比值。显然,叶面积指数是个动态数值,因栽培条件、生育时期等而变化。最大叶面积指数出现在孕穗期前后。目前一般认为,高产田的最大叶面积指数应达到5~6。

(5)叶片的光合作用　从光合物质生产的角度出发,小麦的产量形成,可大致分为两个过程,即总干物质的累积过程和它的一部分向结实器官运输和转移的过程。不论哪个过程,都与叶的光合作用过程有关。

小麦叶片的光合作用具有下述特点:

其一,小麦为C3作物,其光补偿点约为1 000勒克斯以上,光饱和点约2万~3万勒克斯。最适二氧化碳浓度为0.09%,光合作用最适温度为20℃~28℃。通常情况下,小麦的光合生产率为4~6克/(米^2·日),高的可达10克/(米^2·日)以上。

其二,小麦光合速率的日变化除受光照强度、温度等影响外,

表 2-8 主茎叶龄与分蘖出生数量的关系

主茎叶龄	3	4	5	6	7
可能出现的分蘖总数(包括主茎)	2	3	5	8	13
可能出现的叶片总数(包括主茎)	4	7	12	20	33

根据叶蘖发生规律,由已知主茎叶龄,可推算可能出现的分蘖理论数,即主茎某一叶片出现时可能出现的总分蘖数(包括主茎)为其前两个叶龄的分蘖数之和。如主茎四叶龄的蘖数(包括主茎)+主茎五叶龄的蘖数=主茎六叶龄的蘖数,即 3+5=8。即当主茎 6 叶龄时,这株小麦可能出现的理论分蘖数是 8 个。

在大田生产中,由于播期、密度、水肥等原因,常出现实际分蘖数与理论分蘖数不相符合的情况,二者的接近程度,可作为衡量个体健壮程度的重要指标。

2. 分蘖消长与分蘖成穗 小麦分蘖消长的动态变化,不仅影响单位面积的穗数多少,而且对群体结构形成及产量高低都是至关重要的。小麦从分蘖开始到穗数基本稳定,历时极长,这既为调控分蘖动态提供了机会,但也增加了调控的复杂性。

(1)分蘖的增长过程 适期播种的小麦,一般在出苗后 15～20 天开始分蘖,以后随主茎叶片数的增加,单株分蘖不断增加,群体总茎数迅速增长。在越冬期明显的北方麦区,约在分蘖开始后 1 个月左右的时间里,形成冬前分蘖高峰。越冬期间分蘖停止增长或因冻害而略有下降。翌春,当温度上升至 3℃以上时,春季分蘖开始,气温升至 10℃以上时,春蘖大量发生,并在拔节前期,全田总茎数(包括主茎和分蘖)达到最大值。南方冬麦区及春小麦只有一个分蘖高峰期。

(2)分蘖衰亡过程 当麦田总茎数达最大值后,由于植株代谢中心转移及蘖位的差别,分蘖开始两极分化,小分蘖逐渐衰亡,变为无效蘖。蘖的衰亡顺序与其发生顺序相反,即出生晚的高位、次级蘖首先衰亡，早生的低位大蘖易发育成穗，介于有效和无效之间的动摇蘖是调控的主要对象。

引起分蘖两极分化的原因是多方面的，但主要与以下两个因素有关。

①主茎与各蘖间发育时期上的差异：在小麦开始幼穗分化后，主茎与各级位蘖在穗发育上呈现明显差异。一般表现为主茎穗发育早于各分蘖，低位大蘖早于高位小蘖。越是早生的蘖与主茎的差距越小，越是晚生的蘖与大蘖及主茎的差距越大。这一差距是导致分蘖两极分化的内在原因。

②营养物质分配中心的转移：在主茎幼穗开始分化之前，主、蘖生长量均不大，且主茎养分可输给分蘖，分蘖呈较大的生长优势。当主茎穗发育进入二棱期后，生长中心渐次向主茎转移，营养物质的分配亦向相对独立过渡。当主茎穗发育进入雄蕊药隔期时，节间伸长量及植株生长量剧增。凡与主茎穗发育相近的低位大蘖，同主茎一起急剧拔节；凡较主茎穗发育落后两个发育时期的小蘖，因其生长量受自身穗发育的制约，生长量很小。这样就在主茎与各级位蘖之间呈现明显的生长不均现象，即主茎和大蘖呈明显的生长优势，也成为当然的营养物质供应中心，而小蘖则由于生育停滞而衰亡。

(3)分蘖成穗及调控　单株或全田分蘖成穗的多少，因品种、播期、密度、管理措施等差异很大。在一般生产条件下，小麦的分蘖成穗率(包括主茎)约为 35%左右，但也有低于 10%或高于 60%的。

分蘖能否成穗，除受到本身特性的制约外，肥水措施也给予强烈影响。在小麦生育的二棱期(起身期)之前，是分蘖具有较大优势的时期，此时分蘖对促进或控制措施反应敏感。即肥水措施可促蘖多、蘖壮，培育壮苗，可促分蘖赶主茎，缩小分蘖与主茎生育上的差距，是促蘖的有效时期。在生产上，只要二棱期之前分蘖不过分发展，一般不宜采取过分的控制手段，因为那样对主茎和低位大蘖的生长不一定有利。

主茎穗发育进入二棱期时，生长优势向主茎和大蘖转移，此时优越的生育条件可防止部分中间蘖(动摇蘖)变为无效蘖，并促进穗齐。所以，二棱期肥水是保蘖增穗、提高分蘖成穗率的高效肥水时期。相反，在分蘖及群体过分发展的情况下，二棱期后控制肥水，则可使无效分蘖迅速衰亡，使过度发展的群体得到控制。

在小麦生产上，要把提高分蘖成穗率、保证穗数，与创造合理群体结构、争取穗大粒多统一起来考虑，其关键时期就是二棱期及二棱期后肥水(拔节肥水)的实施时期和强度。在具体栽培管理上，应视苗情灵活运用(表 2-9)。

表 2-9　春季苗情及肥水措施诊断

苗　情	弱　苗	壮　苗	旺　苗
主要表现	冬前总茎数不足	冬前总茎数适中	冬前总茎数过多
中心要求	培育壮苗、扩大吸收和光合面积，春季促早发	控制无效蘖，提高分蘖成穗率，创造合理群体结构	控制旺长，防止倒伏
主攻方向	促蘖	保蘖	控蘖
管理措施	加强分蘖期肥水管理，早春锄划促早发，二棱期追施氮、磷肥料	早春控制肥水，加强锄划，适当蹲苗，二棱期酌情施用肥水 晚播麦尽量推后春季第一次肥水时间	早春锄划，但不实施肥水，拔节前进行持续时间较长的蹲苗，二棱至小花前可叶面喷洒生长延缓剂，视苗情在雌、雄蕊分化至药隔形成期间施用肥水，原则上偏旺者后延

(六)小麦穗的形成

小麦的穗粒数是构成产量的主要因素之一。每穗粒数的多少主要取决于每穗小穗数、小花数及其结实率。因此,掌握幼穗分化规律,了解穗部各结实器官的分化时期、持续时间、分化程度及其与环境条件的关系,是争取提高穗粒数的基础。

1. 麦穗的形态　小麦的穗由穗轴和小穗组成。穗轴由许多节片组成,每节片上着生 1 个小穗,分枝类型可在二次轴上进一步分枝。每个小穗包括 1 个小穗轴、2 个颖片和数朵小花。1 朵发育完全的小花又包括内稃、外稃、3 个雄蕊、1 个雌蕊和 2 个浆片。雄蕊由花丝和花药组成。雌蕊由子房和 2 个羽毛状柱头组成。

有芒品种在外稃顶端着生芒。芒有较多的气孔,占小穗总气孔数的 55%～60%,故芒有较高的蒸腾和光合作用。

2. 小麦幼穗的分化与穗的形成　小麦的茎生长锥在发育成麦穗的过程中,一般按照分化穗轴、小穗、小花、雄蕊、雌蕊等的先后顺序进行。按照其形成过程中明显的形态特征,大致可分为 9 个时期,即:

①生长锥初生期;

②生长锥伸长期;

③单棱期(穗轴节片分化期);

④二棱期(小穗原基分化期);

⑤小花原基分化期;

⑥雌、雄蕊原基分化期;

⑦药隔形成期;

⑧覆盖器官强烈伸长期;

⑨四分体形成期。

经过上述 9 个过程的生长发育,小麦的幼穗基本形成。

3. 小麦穗分化的外部形态鉴别　由于研究和观察幼穗分化

过程一般需要用显微镜，这给田间诊断带来一定困难。北京农业大学通过1962～1964年的研究发现，在正常播期范围内，冬小麦的春生叶片一般稳定在6片，而且与幼穗分化发育有比较稳定的对应关系，据此提出以春生叶片数来鉴别幼穗分化进程的简易方法。目前在生产上已广泛应用。

在正常播期情况下，春季第一叶片伸出叶鞘约3～5厘米，相当于穗发育的单棱期。此后每伸出一叶，穗发育进展一期。其对应关系如下。

春一叶——单棱期

春二叶——二棱期

春三叶——小花原基分化期

春四叶——雌、雄蕊分化期

春五叶——药隔形成期

春六叶——覆盖器官强烈伸长期

旗叶与旗下叶叶耳距4～6厘米——四分体期

本对应关系以叶片出生诊断幼穗分化期，根据幼穗分化期作为措施的依据。另外，以出叶期诊断幼穗分化也不是在任何条件下都特别确切，因此，最好配合镜检验证单棱期与春生叶的对应关系，然后再根据上述对应关系进行田间诊断。

4. 每穗小穗数、小花数和粒数的形成及其控制时期 每穗小穗数、小花数和粒数的形成，是小穗和小花增长和退化两个过程发展的结果。其形成时期大致如下。

①苞原基的形成始于单棱期（即春一叶），止于二棱期（春二叶）后的4～5天，历时15天左右。

②每穗小穗原基的形成始于二棱期（春二叶），止于小花分化期（春三叶），历时12天左右。

③每穗小花数的形成始于小花分化期，止于四分体期。小花原基分化开始后，雌、雄蕊及药隔的分化依次进行，在同一穗上同

时交错重叠发生，但又都结束于四分体形成期。因此，从小花分化至四分体期是决定小花数量和质量的时期，是小花的增长过程。历时20天左右。

④由药隔形成（春五叶）至开花，是防止和减少小花退化、决定穗粒数的时期。而药隔期至四分体期是保花增粒的最关键时期。

由小麦穗分化的外部形态鉴别和每穗小穗数、小花数和粒数的形成时间，可以看到控制麦穗大小的几个关键时期如下。

①春一叶伸出到春三叶伸出是决定每穗小穗数多少的关键时期，在这个期间水肥措施越早，促小穗数效果越明显，反之则小。

②自春三叶至春五叶是决定每穗小花数目的时期，在这个期间水肥措施越早，促小花数增长的效果越明显，反之则小。

③自春五叶至开花期是保花增粒、决定每穗粒数的关键时期，生产上要特别重视这次肥水的施用。

5. 如何争取穗粒数 穗粒数（结实小花数）的增减，决定于小穗小花分化及退化两个相反过程的相互关系。

（1）小穗数、小花数与穗粒数的关系 在一般情况下，每穗小穗数多，穗粒数亦多；但在有些情况下，每穗小穗数虽然很相似，穗粒数的变化却很不一致。因此，穗粒数与小穗数之间，并不经常呈正相关。在一般生产条件下，每穗小花数与穗粒数之间差异极大，穗粒数仅占总小花数的30％以下，即有70％以上的小花退化。因此，控制小花退化、保花增粒是争取穗粒数的最主要途径。

（2）不同群体的肥水施用 在生产实践中，确定争取穗粒数的措施时，应与确保穗数同时考虑。

对于群体不大的中低产麦田，可采取结合促蘖、保蘖措施，兼促小穗、小花分化。后期重施拔节期肥水，以保花增粒，即促、保并重的途径。

对于群体适中或较大，生产条件又好的麦田，为防止群体发展过大和倒伏，前期宜稳健生长，在单棱期或二棱期不施用或酌情减缓肥水,为施用拔节肥水创造条件。肥水重点放在雌、雄蕊分化至四分体期间,依苗情确定施用时期和数量,即以药隔期肥水为中心的保花增粒为主的途径。晚播麦田更应控制拔节期以前的肥水,以促进抽穗,防止倒伏。

(3)不同苗情的肥水运筹

①一般大田:主要是培育壮苗、壮株,使群体达到一定的繁茂度。应以争取穗数为主,兼顾增加穗粒数和粒重。促蘖、保蘖、促花、保花措施均可应用。

对于壮苗,肥水宜主攻提高分蘖成穗率,兼顾粒数。视地力、苗情,肥水重点可放在基化肥(育壮苗)、二棱期(保蘖、促小穗)和拔节期(保花)。

对于弱苗,应以促蘖为主,兼顾提高分蘖成穗率。肥水重点可放在起身期,视地力、苗情等条件,也可在小花至四分体的任何时期施用。有可能最好在雌雄蕊分化期至药隔形成期间应用。即采用促蘖、保蘖,轻促小穗和保花的途径。

②高产田:主要是创造合理的群体结构,防止倒伏。要稳住穗数,以争取粒多、粒重为主。

对于壮苗,可采用促蘖、稳定穗数和重保花增粒的途径。肥水措施可放在二棱期保蘖和拔节期保花。对于旺苗,可采用控蘖、保花的途径。肥水措施应始于二棱期之后,重点放在拔节期。

由上可见,在不同地力、苗情和生产条件下,争取穗粒数的途径是不同的。除一般田的弱苗取促小穗、小花为主的途径外,余者皆以保花为主。即争取穗粒数的主要途径应是在一定小花数的基础上,减少小花退化,保花增粒。

(七)小麦籽粒及粒重形成

1. 抽穗、开花和受精 小麦在旗叶伸展(挑旗)后 10～15 天抽穗,抽穗后 3～5 天开花。在一个麦穗上,中部小穗先开花,然后渐及于上部和下部，约持续 3～5 天。同一麦田约持续 6～7 天。小麦昼夜均能开花，但一般多集中在上午 9～11 时和下午 3～6 时。

小麦属自花授粉作物，天然杂交率低，仅 0.4%左右。杂交制种时应人工辅助授粉。花粉粒在柱头上 1～2 小时即可萌发，经 24～36 小时可完成双受精过程。开花、受精及其后胚和胚乳的发育，对小麦籽粒形成及粒重形成有重要意义。

2. 小麦的籽粒及粒重形成 小麦抽穗开花后，植株生育中心转向籽粒。千粒重的高低与产量有密切的关系，在单位面积粒数相似的情况下，产量随千粒重提高而增加。尤其在高产田中，由于单位面积粒数多，提高粒重的增产意义更大。在大面积生产中，同一品种的千粒重，受年份(气候)、栽培条件、病虫害等多种因素影响，差异很大，可以有几克到十几克，甚至二十几克的变幅。如在每公顷穗数 600 万～750 万，每穗平均粒数为 25～35 粒范围内，千粒重每增减 1 克，每公顷产量约增减 150～270 千克。这在大面积生产上是一个十分可观的数字。因此，掌握籽粒和粒重形成规律，对稳定和挖掘品种的粒重潜力至关重要。

(1)籽粒生育过程 小麦从开花到籽粒成熟经历的日数，因品种、地区和条件而不同。北方平原冬麦区一般 30～35 天，青藏高原长达 60 天左右。根据这一期间外形及内部的生理变化，大致将籽粒形成过程划分为三个过程、五个时期。三个过程是籽粒建成过程、灌浆过程及成熟过程。五个时期是建籽期、乳熟期、糊熟期、蜡熟期和完熟期。每个时期的主要特征如下。

①籽粒建成过程：从开花后 2～3 天(坐脐)开始，历时约 9～10 天。主要建造籽粒的重要部分——果皮、种皮、胚及胚乳腔，初步建成“产量容器”(库)。这一时期有明显的四个特点。

一是籽粒含水量急剧增长；

二是初期胚乳腔内呈清水状，之后由清水状逐渐向乳状过渡，但干物质积累不多，籽粒含水率由开始的80%降至65%；

三是籽粒颜色由灰白渐转为灰绿；

四是籽粒长度急剧增长，宽、厚度增长缓慢。当籽粒长度达本品种应有长度的3/4时（多半仁），该过程结束。由开花受精至形成多半仁这个过程也称为建粒期。

如果此期遇到不良的生育条件，会影响子房和胚乳腔的发育，缩小产量容积，限制以后的干物质累积，甚至形成退化籽粒。

②灌浆过程：籽粒发育到多半仁时，干物质开始大量向籽粒中积累。这个过程历时20天左右，经历乳熟和糊熟两期，是决定粒重的关键时期。

乳熟期历时15～18天，是粒重增长的主要时期，其主要有以下特点。

一是含水量的变化平稳，籽粒含水量保持一定水平；

二是干物质急剧增长，胚乳从清乳转为稠乳状；

三是籽粒宽、厚也急剧增长，中后期籽粒体积达最大，称为顶满仓；

四是粒色由灰绿转向鲜绿色，再转向绿黄色，籽粒表面呈现光泽；

五是籽粒含水率由多半仁的65%降至45%。

乳熟期以后，干物质的累积和浓缩同时进行，胚乳呈糊状，故称为糊熟期或面筋期。此时籽粒表面失掉光泽，生理活动开始转弱。当籽粒含水率降到40%左右时，干物质运输受阻滞，胚乳渐呈蜡状。糊熟期历时3～5天。

这一时期的生育条件，影响干物质积累，显著影响粒重。

③成熟过程（聚面过程）：历经蜡熟和完熟两个时期，与籽粒含水量的缩减阶段相对应。蜡熟期历时3～4天，含水量急剧缩减，籽粒中累积物质进行生化转化，变为贮存性物质。籽粒由于缩水、体积变小，并重现光泽，粒色由黄绿变黄，再转为本品种固有色

泽。蜡熟中期籽粒干重达最大值，为人工收获适期，籽粒含水率约25%。含水率降至20%时为蜡熟末期，是机械收获适期。

蜡熟期以后，籽粒继续缩水，体积变小。当含水率降至18%以下时，进入完熟期，胚乳由蜡状变硬。

此一过程的不良条件，不仅减少干物质积累，还增加干物质流失与消耗，降低粒重。

(2)影响粒重的因素　在形成粒重的营养物质中，有5%～10%来自于开花前茎、叶、鞘中的贮藏物质，而90%～95%却来自于开花后的光合产物。因此，在小麦籽粒建成、灌浆和成熟过程中，凡影响植株光合和运转的内外因素，均影响粒重形成。主要影响因素可归纳如下。

①土壤水分：土壤水分状况是影响粒重的决定因素。土壤水分过多过少均不利于籽粒增重。粒重形成过程中的适宜土壤水分含量，是田间最大持水量的75%～80%。适宜的土壤水分可以延长小麦后期茎、叶、鞘等绿色器官的功能期，提高根系活性，增加光合强度，从而有利于促进胚乳发育和干物质的运输与累积。较高的籽粒含水量，不仅可提高籽粒活性，增强灌浆强度，而且有利于延缓籽粒缩水过程，延长灌浆持续时间。

土壤干旱会加速小麦衰老进程，导致早熟或早衰。土壤水分过多或停水过晚，易造成晚熟，并诱发病虫害，甚至引起烂根早衰。

②温度：温度也是影响粒重形成过程的重要因素。有利于灌浆的适宜温度是20℃～22℃。当日平均气温高于25℃时，往往加速叶片衰亡，缩短灌浆过程。较低的温度虽然延长灌浆持续时间，但影响灌浆强度，并延迟成熟，不利于躲避干热风危害。一般认为，昼夜温差较大的条件有利于增加粒重。在生产实践中，前期的栽培措施，应考虑对提早抽穗开花有利，这样可能为粒重形成过程争取较好的温度条件。

③光照强度和群体受光状况：晴朗的天气和充足的光照有利

于籽粒增重。在相同的自然光照下，植株的受光状况主要决定于群体结构的状况。因此，在小麦生育前期和中期的籽粒建成和灌浆过程，建造一个结构和性能良好的光合生产系统，是提高粒重的主要基础。

④矿质营养：从开花到成熟，小麦植株吸收的氮、磷量分别占全生育期吸收量的 1/3 和 2/5，即有相当一部分氮、磷无机养分是在小麦生育后期吸收的。而钾的吸收在开花后则不再增加。

开花后适宜的氮素营养水平可提高小麦组织的水分含量和保水能力，有利于延长叶片和根系功能期，对胚乳发育、粒重形成及提高籽粒蛋白质含量都有良好作用。当然，氮素过多亦会抑制光合产物和茎叶贮存性物质向籽粒的转运，并常招致贪青晚熟、倒伏和病虫害，使粒重降低。

磷素可以促进碳水化合物和含氮物质向籽粒的转运，有利于灌浆成熟。钾素则有助于提高植株抵抗干热风的能力。

(3)*提高粒重的措施*　在生产实践中，要提高粒重必须落实以下几项措施。

①后期供水是争取粒重的决定性措施：粒重的形成明显地受籽粒含水量变化的制约。在我国北方多数地区，小麦开花后是高温、干旱、失水最多的时期，每天每 667 米^2 约耗水 3 米^3 左右。从抽穗到成熟总耗水量约需 190 毫米。多数地区在这个期间的降水量都比此值小得多。如北京地区五六月份降水量仅 73 毫米，远不能满足小麦生育的要求，因此必须及时供水，否则严重影响粒重。

各地浇水的次数、时间、数量，要根据当地的降水量、供水条件、土壤保水能力、植株生长状况、产量目标等，因地制宜进行。原则上应保证土壤水分含量达田间持水量的 70%～80%。

在大田生产中，自开花前后始，一般有三个灌水时期可以选择，即：扬花坐脐水、灌浆水和攻籽水。

·扬花坐脐水。在开花前后 3 天进行。可延缓植株衰亡，提高光合效率,促进胚乳发育及提高籽粒含水量。

·灌浆水。在多半仁前后进行。可提高光合效率,促进物质运转,增强灌浆强度和保持一定的持续时间。

·攻籽水。在顶满仓前后进行。可减缓缩水过程,有利于延长灌浆持续时间。

在一般生产条件下,往往水源不足,应考虑用有限量的水获得最大的经济效益。若只允许灌两水,则以灌坐脐水和灌浆水为宜;若只允许灌一水,则以坐脐或灌浆始期为宜,以防早衰。总的看来,浇水次数并不是越多越好。次数过多,一是对籽粒增重不一定有利,二是不经济;但若后期无灌水条件,又无降水时,会严重降低粒重和产量。

② 酌情补肥:小麦后期的早衰除与水分状况有关外,与营养水平也有一定关系。在前中期追肥适当、地力又较好的地块,小麦后期一般不表现脱肥。对于表现脱肥、过早显黄的麦田,可在抽穗开花期适量(一般每 667 米^2 不超过 10 千克硫铵)追肥,或用根外追肥弥补。如:可在坐脐后和灌浆始期喷洒 1%～2%的尿素水溶液,每次每 667 米^2 用量 40～50 升溶液,以补足氮肥。也可结合喷施磷酸二氢钾,以补足磷、钾肥。

后期脱肥不一定是普遍现象,只要前中期管理得当,根外追肥并不是必须的措施。

③ 防治病虫害:小麦抽穗后,经常发生黏虫、蚜虫、锈病、白粉病等危害,要及时防治。这些病虫害不仅直接消耗营养,而且使光合面积急减,净光合产物下降,严重影响粒重。如仅蚜虫危害一项,即可使千粒重降低 1～5 克,甚至更多。

④ 防止倒伏:倒伏严重影响产量,一般以坐脐、灌浆期间的倒伏减产最重。在前期已有群体的基础上,后期主要是掌握灌水时间和数量,避开大风大雨天气。

⑤ 及时收获:籽粒成熟后要及时收获,做到丰产丰收。适宜

的收获期，人工收割为蜡熟中期，机械收割为蜡熟末期。收获期间避免淋雨，不然会降低发芽率，并使籽粒及面粉的加工品质变劣。

思考题

1. 小麦的生育期和生育时期有什么区别？

2. 小麦的生长发育对环境条件有哪些要求？你所在地区的满足程度如何？

3. 完成发育过程对小麦的一生有什么作用？

4. 种子萌发出苗需要哪些条件？

5. 小麦的分蘖是如何发生的？它在小麦穗数构成中有什么作用？

6. 如何从外部形态鉴别小麦穗分化进程？

7. 哪个生育时期是小麦穗粒数形成的关键期？

8. 粒重在小麦产量形成中有什么作用？

第三章　冬小麦播前准备与播种技术

一、播种前的农事活动

小麦播种之前应及早做好播种的各项准备工作，以便做到不误农时，适时播种。并为提高播种质量，培育冬前壮苗打好基础。播前的主要农事活动列于表 3-1 中。其中的重要项目将在文中详述。

表 3-1　冬小麦播前准备工作一览表

月份	节气	主要农事活动及要求
6	芒种、夏至	①夏收夏种，要为秋播小麦选好前茬，确保适播期内按计划面积播种。②自留用种麦田，要及时收获、脱粒和贮藏，收获前应做好去杂去劣
7	小暑、大暑	①自留麦种要经常检查，注意晒种防潮、防霉、防虫，确保种子发芽势和发芽率。②准备秋播麦田施用的有机肥料
8	立秋、处暑	①对留种用的麦种进行检查和清选，做好发芽试验。②制定用肥计划，准备和购买所需肥料。③做好前作收获期预测，安排秋收计划和种麦田块顺序。④农业机械维修至能正常使用状态。⑤整修渠道和灌溉设施。⑥有机肥料可运送到田头备用

续表 3-1

月份	节气	主要农事活动及要求
9	白露、秋分	①制定播种计划,安排好品种布局。②对麦种做最后一次检查,做好发芽试验。③做好前茬收获工作,在不影响前茬产量情况下,尽早收获腾地。④前茬收获前及时查看土壤墒情,作出是否灌溉底墒水的判断。⑤翻耕前施用有机肥和化肥。⑥播前晒种和药剂拌种。⑦按当年温度状况和田间作业进度,安排播期和播种顺序,尽量在适播期内播种。⑧按播期、种子发芽率、田间出苗率和土壤状况确定播种量,并在播种机上反复调整下种量,并进行试播。施用种肥的要同时调好种肥的下肥量。⑨切实做好播种的各个环节,确保苗全、苗齐、苗匀、苗壮
10	寒露、霜降	①掌握播种进度,及早播种,并按播种期调节播种量。②晚播麦田,要依播期适当增加播种量,做好播种机调节。③对已出苗麦田及时进行查苗补苗工作,确保全苗

二、培育冬前壮苗是小麦增产的基础

播种质量的中心是要做到苗全、苗齐、苗匀、苗壮,其中壮苗是核心,是对播种技术的基本要求。壮苗是安全越冬的基础,是争取穗足、穗大、粒饱及建立合理群体结构获得高产优质的基础环节,而做好播种准备和提高播种质量是培育壮苗的保证。

(一)什么样的麦苗是壮苗

生产中的壮苗既包含有个体(单株)生育状况指标,又包含有群体生育和发展状况的指标。

例如,在北京地区,适时播种的冬小麦,基本苗一般每 667 米^{2}在 20 万左右,其壮苗标准可以认为是:

1. 壮苗的个体指标　冬前壮苗个体应达到如下标准。

①越冬前主茎叶片应为6～7片;最长叶片长度不超过15厘米,最长叶鞘长度不大于5厘米,叶色深绿,年前单株基部黄叶数不超过1片。

②单株分蘖3～5个,其中大蘖2～3个。

③主茎四叶时出次生根,年前次生根总数7～10条及以上。

④分蘖节膨大,株形呈匍匐状。

2. 壮苗的群体指标　应达到以下标准。

①全田分蘖增长趋势正常。始蘖后15～20天的总茎数应基本接近最终穗数的要求量,差异不大于10%。

②越冬前每667米^{2}的总茎数应在70万～90万。

③叶面积系数为1.0～1.2。

④全田麦苗生长整齐一致,植株在行间和行内分布均匀,无明显缺苗断垄。

凡超越上述指标者为旺苗,低于上述指标者为弱苗。

不同地区、不同类型的麦田,壮苗指标不能用统一的标准来衡量。但壮苗的共同特点是:叶、蘖、根的生长符合同伸规律;根系发达、活力强;分蘖茁壮、够数;分蘖节粗壮、养分贮备充足;叶片大小和叶色适宜。群体指标要根据不同条件,提出不同要求。如在晚播条件下(如北京在10月10日以后播种)基本苗每667米^{2}达30万～55万,年前叶片数仅为1～2片或3～5片,分蘖无或只有2～3个,只要符合上述共同标准,也应视为晚播壮苗。

(二)壮苗是增产的基础

培育冬前壮苗在整个小麦田间管理中占有重要位置,也是播前准备和播种技术要求的中心环节。主要表现在以下几个方面。

其一,培育壮苗的过程主要是在年前,或者说是在播前准备过程和播种过程共同作用下形成的。如播前的种子准备、土壤准备、施肥过程、土壤墒情和播种中诸环节，都对麦苗生长发育产生极大影响。某一过程一旦失误，会给以后的弥补过程带来很大困难，或产生不可弥补的结果。

其二，培育壮苗是安全越冬的保障。越冬期和早春冻害是中高纬度地区小麦生产上的一种重要的气象灾害，我国的北方冬麦区即处于这一范围内。冻害是指越冬期间长期处于0℃以下低温所造成的伤害，多发生于越冬的休眠期和早春的萌动期。冻害的发生除与冬、春低温有关外，也与小麦本身的抗寒能力有关。壮苗根深、次生根多、分蘖节大、养分贮备多、单株叶片多、分蘖多，壮苗的田块一般播种质量好，如出苗均匀、播深适宜等。壮苗的这些素质是决定其抗寒能力强，能安全越冬的重要保证。

其三，冬前壮苗和春季壮苗是争取穗数的基础，因为穗数是产量因素中的第一个形成的重要因素，壮苗的冬前大分蘖是形成穗数和形成大穗的基本数值。

其四，壮苗是形成壮株的基础。冬前壮苗和春季壮苗，不仅在田间管理上简便，而且较易培育为壮株，而壮株是穗大、粒多的基础。

其五，由于壮苗的个体和群体生育良好，管理方向明确，较易构建合理的群体结构，为制造更多的光合产物提供有利条件，为壮株、粒多、粒重提供物质保证。

其六，冬前壮苗为春季管理、中期管理和后期管理奠定良好的基础，使田间管理变得简单易行。

由上可见，在播前准备和播种环节中，要以壮苗为中心，安排好各项工作，为小麦高产打好基础。更详细的内容将在以下章节中讲述。

三、提高播种质量的主要技术环节

良好的播种质量是壮苗的基础环节，在小麦大田生产中，要做到苗全(有符合要求的基本苗数)、苗齐(出苗、生长一致)、苗匀(麦苗在田间分布均匀、单株占有合理的空间)和苗壮，就要抓好以下几个环节。

(一) 品种选择与种子准备

"好种出好苗"。选择高产优质的品种和健康的种子，并做好播前种子准备，是保证播种质量和丰产的基础环节。

1. 品种选择　品种是经过人工选育而成的，在遗传上相对纯合稳定，在形态和生物学特征特性上相对一致，并作为生产资料在生产中应用的一种作物类型。由于品种是在一些特定的条件下选育而成的，因此品种的应用都有地域性和时间性，不要乱引乱种，也不要长期种植一个品种。

优良品种是指适于本地区种植的，具有高产、稳产、优质、抗逆特性稳定的品种。因此，在小麦种植前，要根据本地所处的区域环境条件、生产条件、产品的品质要求等来选择所要播种的品种，这对于达到计划产量和品质需求至关重要。不要盲目种植未经审定和引种试验的品种。

2. 种子准备　种子质量，诸如种子的大小、成熟度、发芽率、贮藏中的状态、种子的化学组成等，不仅与出苗率的高低和出苗速度有关，而且对其后幼苗的生长发育都有很大影响。一般大粒种子、蛋白质含量高的种子对形成壮苗有利。

在选用适宜当地种植的丰产良种后，还应在播种之前对购买或自备的麦种进行相关处理，主要应做以下几项工作。

(1)*种子千粒重的测定*　千粒重指 1 000 粒小麦种子的重量，

一般以克表示。在测定千粒重时，要从净种子中随机取 8 个重复，每个重复 100 粒，各自称重。如果各重复数值相近时，可将 8 个数值平均，再以平均值乘以 10，求得种子的千粒重。如果播种用种量大，则应多点均匀取样，重复次数可增加。不同品种或同一品种不同批次的种子，千粒重差异较大。要认真做好这项工作，因为测定千粒重是计算单位面积播种量的重要依据。

(2)种子发芽率的测定　种子发芽率是指种子能够发芽并能长出正常种苗的能力，一般用百分率表示。小麦种子的发芽率通常包含两个概念：一个是发芽势，它是指在特定规定时间内发芽种子的百分数，小麦规定为 3 天；另一个是规定天数之前的种子发芽的百分数，称之为发芽率，小麦一般规定为 7 天。

在做发芽试验前应先准备好种子和器皿。

①样品准备：从净种子中随机取有代表性的 400 粒种子，分成 100 粒或 50 粒的重复作为进行发芽试验的样品种子。在样品种子播入发芽器皿前，可先用水浸泡 1 天，使之充分吸水。

②发芽床或器皿的准备：在小麦生产中，可以就地取材选用发芽器皿。器皿可以是培养皿、瓷盘、碟子或木箱、塑料箱等，在器皿中装入不含毒物、不带菌、可以供给种子发芽所需水分和空气的纸、砂、土壤等物。

③发芽条件：发芽温度以 20℃左右为宜。小麦采用砂、纸或土壤作基质时，基质相对湿度以保持在 80%～85%为宜。用砂土作基质时，砂粒大小以 0.5～0.8 毫米为好，砂子应经过洗涤和消毒。使用土壤作基质时也必须消毒，以杀灭各种细菌、真菌等有害病原物。用瓷盘、碟子或木箱、塑料箱作发芽器皿时，在基质表面撒播种子后，可用保鲜膜或塑料薄膜覆盖，以利于保水。

④记数和计算：小麦种子萌发后，胚根与种子等长、胚芽达种子长度的一半时作为发芽的标准。发芽试验开始后的第三天计数发芽种子的数目，并将已发芽种子取出，用以计算种子的发芽势。

同时也将霉变种子、不健全种子取出，分别计数。第七天计数的发芽种子数加上第三天计数的发芽种子数，即为本批测试样品的总发芽的数量。不健全种子指胚根或胚芽畸形或有根无芽或有芽无根者，不计算在发芽种子数目内。

发芽势和发芽率的计算公式为：

$$发芽势(\%)=\frac{3\text{天内的发芽种子粒数}}{\text{供试种子粒数}}\times 100$$

$$发芽率(\%)=\frac{7\text{天内的发芽种子粒数}}{\text{供试种子粒数}}\times 100$$

做发芽试验时，重复次数要在3次以上，然后求出平均发芽势和发芽率。如重复之间差异太大(表3-2)需要重新补做，以允许误差范围内的数值做计算。

表3-2　平均发芽率允许误差范围　(%)

平均发芽率(%)	允许误差	平均发芽率(%)	允许误差
95以上	±2	70～79	±5
90～94	±3	60～69	±6
80～89	±4	50～59	±7

例如，如果发芽试验做了3次重复，发芽率分别为91%、88%和86%，平均值为88.3%，由上表可知允许误差为±4，但在上述3个数据中，91%和88%相差为3，88%和86%相差为2，在允许范围内，但91%和86%相差为5，超过了允许范围，则应补做一份，再以结果重新计算。

在实际生产中，优良种子的发芽率应在95%以上，一般当种子发芽率低于80%时，则不宜作种用。因为用发芽率低于80%的麦种作种用，一方面浪费种子，增加成本，另一方面容易造成田间缺苗断垄。

(3)田间出苗率的测定　为了更准确地掌握种子的发芽和出苗状况，有条件的可以在田间做种子出苗率测定，这对精确确定播种量更有实际意义。将随机取得的种子样品按 100 粒或 50 粒条播种植，覆土 3～4 厘米，在平均气温 20℃左右、土壤相对湿度 75%～80%时，7～10 天计数出苗的数量，计算田间出苗率。这个数值一般要比在发芽器皿内测得的发芽率低，但更接近正常播种在田间的出苗数量。一般田间出苗率应达到 85%以上。

3. 种子处理　播种前应做好种子处理工作，根据种子和当地田间环境状态应主要做好以下几项工作。

(1)晒种　在临播种前选晴朗天气将备播的麦种进行晾晒。晒种时先将场地扫净，将麦种以 3 厘米左右的厚度摊开，并且勤翻动。中午过后堆起盖好。可连续晒 2～3 天，效果更好。临播前晒种除有杀虫、灭菌效果外，主要是为了激活种子，使沉睡一夏的种子机体活跃起来，以便提高种子的发芽势和发芽率，有利于保证全苗和幼苗生长一致。

(2)药剂拌种　为了预防病虫害及促进苗全、苗壮，一般生产田最好在播种前对种子进行药剂处理。对于生产绿色食品和有机食品产品的，则不应应用此法。

选用的药剂应是政策法规允许的，并应在正规销售点购买。药剂种类应以防治当地易发生的病虫害为对象选择。药剂用量及是否可以和其他药剂混用，应以药品使用说明书为准，要详细阅读，严格操作，以免造成药害和安全问题。

拌种后的容器要用碱水充分清洗，不可随意放置和丢弃。播种剩余的种子要妥善处理，严防人、畜误食。

如果购买的是经过种衣剂包衣的种子，则在做发芽试验后直接用于播种，不再做其他处理。

(二)施肥计划

施肥是小麦生产的一项重要措施,是增加小麦产量、提高品质的物质基础。小麦产量形成对营养的需求已在第二章中做了阐述,这里主要针对具体的种植地块和产量目标,介绍如何制定科学的施肥计划。具体应做好以下几方面的工作。

1. 测定或了解所种地块的土壤特性和养分含量　土壤不仅是小麦扎根、生长的主要环境,也是小麦生长发育所需营养的主要供应者,因此在种植小麦前,应了解土壤的基础肥力,以便计算土壤的供肥能力和需要向作物或土壤补充肥料的数量。

需要掌握的土壤信息主要有:土壤质地、土壤肥力状况、土壤的有机质含量、土壤的耕性、土壤酸碱性、土壤含氮量、速效氮含量、速效磷含量、速效钾含量等。

以上土壤及营养含量的数据,可以从主管农业部门获取或委托测定。

2. 确定施肥原则　根据当地土壤生产条件及生产目标,确定当季小麦生产的施肥原则。在目前大面积小麦生产中,一般有以下原则可以借鉴。

(1)*以有机肥为主,有机肥、无机肥配合施用*　有机肥肥效长,营养全面,是获得高产、稳产、优质和连年增产的重要因素,但有机肥在土壤中分解缓慢,在作物大量需求养分时又供应不足,因此小麦生产中一般将有机肥和化肥配合施用,取长补短。

(2)*基肥和追肥配合施用*　基肥指在播种前或播种时施入土壤中的肥料,包括有机肥、耕翻前施入的化学肥料和播种同时施入的种肥。在小麦生产中,一般将有机肥和小麦全生长季所需的磷、钾肥和一定量的氮素肥料一并施入,然后翻耕。有些生产者有时将一部分氮、磷、钾肥作种肥,在播种时施入。氮肥在土壤中移动性大,较易流失,所以需留出一定量,在第二年作追肥施用。在一般田块中,氮素基肥施用量一般占40%～50%,其余50%～60%用作追肥。

(3)*氮肥和磷、钾肥配合施用*　氮、磷、钾是小麦生育必需的三大元素。由于氮、磷、钾的作用和小麦全生育期及不同生育时期的需求量不同,所以氮、磷、钾肥必须按小麦的营养需求量和需求比例供给。某一种元素施用过量或不足或比例失调,不仅造成成本上升,还会对小麦生育和产量带来不良后果。在一般高产田中,氮、磷、钾的需求比例约为1∶0.5∶1.2,而每生产100千克小麦籽粒,约需纯氮(N)3千克,磷(P_2O_5)1～1.5千克,钾(K_2O)3～4千克。具体田块所需的施肥量,则应依据产量目标具体测算。

(4)*测土施肥(配方施肥)、科学用肥*　科学试验和生产实践均表明,测土施肥或配方施肥比按经验或习惯施肥效果好,在有条件的地方,应大力推广应用这种施肥技术。

测土施肥时依据小麦的产量目标和营养需求、土壤供肥能力和肥料效应(含有机肥)等,提出氮、磷、钾化肥和微量元素的施用量和肥料间的比例,并依小麦不同时期的需肥规律提出施肥建议或方案,使营养元素的供需做到科学、合理和定量化。具体测土施肥的方法会在土肥分册中讲述。

3. 麦田氮、磷、钾肥施用量的简易确定方法　在不具备测土施肥或配方施肥条件时,也可以采用一些简易方法确定本生产年度所需的施肥量。

参照往年的产量和施肥经验及土壤肥力状况(这些数据可以从当地土壤普查资料中获得),估算出比较适宜的化肥种类和用量。

根据产量目标和土壤养分供应量,按小麦生长季吸收养分的数量和比例,估算需要化肥的数量,并按小麦不同生育时期吸收氮、磷、钾的数量,做出基肥和追肥的分配方案。

在有条件的地区,可以委托当地农技部门或农技人员,对种植麦田土壤进行诊断，确定土壤养分贮藏量和供给能力，然后依据产量目标，制定施肥方案。

每年对所管理的地块进行施肥、产量、植株生育状况等田间记载，积累数据和经验。有条件的可以做些单因子或多因子的田间试验，以选择最佳方案，帮助确定肥料的用量、种类和比例。

在目前的施肥计划中，一般将所确定的磷、钾肥用量一次性作基肥施入土壤中；而氮肥量则按土壤肥力状况、播种期、播种密度等分基肥和追肥两类，基肥占 40%～60%，追肥的 40%～60%可以根据植株生育状况分 2～3 次分别施入，也可以根据生育状况和植株营养诊断结果，视情节余部分氮素肥料。

（三）播前土壤墒情诊断

播种时土壤墒情对小麦种子出苗及苗期生育状况有重要影响，所以在前作收获前或收获后要注意做好土壤墒情的诊断和调查工作，以便确定是否浇灌底墒水和确定灌溉数量。

1. 土壤墒情的表示方法　目前比较简易的水分表示方法有两种，即重量百分数法和相对含水量表示法。

（1）*重量百分数表示法*　重量百分数表示法适用于土壤容重变化不大的土壤上，一般以烘干土为基数计算其重量百分数。计算公式为：

$$土壤含水量(\%)=\frac{土壤水分(克)}{烘干土重(克)}\times 100$$

土壤水分（克）由一定量的湿土经烘干后取得。

（2）*相对含水量表示法*　相对含水量是指土壤含水量占田间持水量的百分数。计算公式为：

$$土壤相对含水量(\%)=\frac{重量百分数}{田间持水量}\times 100$$

式中重量百分数按前述公式计算获得。

在田间测定田间持水量时，按如下步骤进行。

平整2米×2米面积的地块，四周筑15厘米高、30厘米宽的土埂，中间放置面积1米×1米、高20～25厘米的铁框或木框(入土7～10厘米)。然后将水先注入框与埂的保护区内，再注入木框中，并使框内外水层均保持5厘米左右深，至水分全部渗入土层中为止。灌水量按50～100厘米厚土层计算，灌水量以达到饱和湿度的1.5倍为宜。灌水后，土表用塑料薄膜盖严，以防表土水分蒸发。待排除重力水后(砂土或砂壤土为1昼夜，黏壤土为2昼夜，重壤土为3～7昼夜)，按10厘米为1层，取土样10～20克，3次重复，称湿土重后，用烘干箱在105℃下烘至恒重，所得含水量用烘干土除之，即得到本田块的土壤田间持水量。

相对含水量表示法可适用于任何土壤类型及类型间的比较，在应用上比重量百分数表示法更具广泛性和通用性。

2. 播前底墒水的测算 要想知道小麦播种前是否需要灌底墒水，就应该在前作快收获前及时观测土壤含水量的变化动态，如果预测土壤水分低于小麦播种要求的土壤湿度下限(小麦为70%)，应及时进行灌溉底墒水。

例如，小麦播种时，其土壤湿润层应达到60厘米，以确保越冬前小麦的正常生长。若当时测得该土层的含水量为16%，而该土层的田间持水量为26%，容重为1.2克/厘米^{3}时，则：

$$土壤相对湿度=\frac{16}{26}\times 100\%=61.5\%$$

显然，该田块收获后的土壤湿度已低于小麦正常出苗生长所需的湿度，属于缺墒范围，需要在耕、播前进行灌水。由下式计算应灌底墒水的数量。

灌水量 = 面积×（田间持水量－测得的土壤含水量）×容重×湿润层厚度

= 667 米^2×（26%－16%）×1.2×0.6

= 48.0（米^3/667 米^2）

即这个田块每 667 米^2 需灌水 48.0 米^3。

对于其他生育时期，也可按上述方法测算。

（四）土壤的准备

为小麦生长发育创造水、肥、气、热协调的苗床（土壤），是保证出苗迅速整齐、幼苗苗壮、分蘖早、次生根发达、抗逆性强的基础环节，并为小麦高产优质打下良好的基础。主要应做好以下几方面的工作。

1. 施用基肥　基肥包括施用有机肥和速效氮、磷、钾等化学肥料。增施有机肥是高产稳产的重要保证。其肥效完全，不仅含速效氮、磷、钾，又能在较长时间内缓慢分解，释放出各种营养元素。尤其是有机肥的改土、培肥地力的作用，是目前其他任何肥料都不能替代的。用有机肥培肥的土壤是水、肥、气、热的仓库，是最大的潜在肥源。在施用有机肥时，除考虑数量外，还应注意肥料质量和当年利用率。有机肥的当年利用率因土壤、肥料种类、自然环境及栽培措施等不同差异很大，一般为 30%左右。

另外，根据北京农业大学用^{15}N同位素试验表明，小麦种子中所含的氮量，只能供应幼苗长到一叶一心所需要的氮素量，其后植株所需的氮素要靠根系吸收土壤氮或肥料氮来供给。即小麦的根从伸入土壤中开始，就需要从土壤中吸收氮、磷等营养物质。可见，小麦幼苗生长和其后的分蘖都需要一定量的速效氮、磷营养。但秋季土温低，土壤的氮、磷供应有限，所以在生产中施用一定量的速效氮、磷作基肥或种肥，以提高土壤中速效养分含量，促进幼苗健壮、早分蘖。在基肥用量中，提倡用一定量的氮、磷肥料作种肥。尤其在旱薄地、中低产田施用，效果更明显。在低洼下湿地，增施磷肥对发根、发苗有更显著的效果。

目前，在大田生产中，依地力、播期的不同，一般用全生育期施用氮肥总量的40%～50%作基肥和种肥；磷肥和钾肥则在播种前一次施入土壤中。

2. 浇好底墒水 小麦种子在吸水达自身干重的45%～50%时，才能萌发出苗。萌发出苗的最适土壤含水量为田间最大持水量的75%～80%。用绝对含水量表示，则砂土为14%～16%、壤土为16%～18%、黏土为20%～24%。当土壤含水量分别低于10%、13%、16%时，则影响出苗。

生产上要求确保足墒播种。底墒不足或只有表墒，不仅影响出苗速度和出苗率，而且影响幼苗出叶、长根和分蘖的发生。在秋旱年份，应在前茬收获前或收获后及时灌水造墒，土壤湿润层应达到60～80厘米及以上。在秋季多雨的年份，应做到在前作收获后及时耕翻、整地、播种。

3. 提高整地质量 整地的实质是在施足基肥、确保墒情的条件下，通过一系列的耕作措施，为小麦萌发出苗及其后的生长发育创造良好的土壤环境。它包括耕翻和播前整地两环节，要求做到“深、细、净、透、实、平”。

深：适当深耕，一般以20～25厘米为宜；

净：播种层没有大的作物根茬、茎叶，还田的秸秆要粉碎、掩埋好；

细：耕层土壤细碎，无明暗坷垃；

透：翻耕深浅一致，不重耕漏耕；

实：耕层疏松，土体上虚下实，地表不板结，耕层不架空；

平：地面平整，要求整块地坡降小，畦内高差不大于5厘米，向园田化发展。

在小麦玉米一年两熟或两年三熟的种植方式下，若玉米秸秆还田，并实施机械化作业时，应按以下田间作业过程进行耕作。即：机械收获玉米，并将秸秆切碎平铺田面→重型耙灭茬耙地（耙深12～15厘米），并同时施基化肥（含精良的有机肥）→深耕25厘米以上，并同时带合墒器或钢丝滚动耙等进行复式作业→播前采用轻型圆盘耙实施对角交叉耙→压轮式播种机播种小麦。

总之，整地作业的高质量，将为播种及以后实施高产栽培管理技术提供可靠基础。

（五）精细播种

种好是苗好的基础。选用良种，适时播种，合理密植，提高播种质量，均是确保苗全、苗齐、苗匀、苗壮的重要环节。

1. 适时播种　适时播种是充分利用自然条件培育壮苗的最经济、最有效、最简便的技术措施。

所谓适时播种，即指在小麦最适宜萌发出苗、并有利于形成壮苗的温度范围内播种。冬小麦最适萌发出苗温度为16℃～20℃。各地达到这个温度范围的时间是不一致的。一般北方早于南方，山区早于平原。因此，不同地区应有各自的最适播期。如北京、太原、关中地区约在9月下旬，保定、济南约在10月初，郑州约为10月中旬。

在小麦生产中为什么要强调适时播种呢？

一是因为种子萌发出苗的速度和质量与温度有密切关系。温度高低影响萌发出苗的速度和质量。16℃～20℃的温度可使出苗迅速整齐、生长健壮。在20℃～35℃及以下的范围内，随温度升高，出苗速度加快，但幼苗细弱；温度高于35℃时，发芽受抑制，低于10℃发芽缓慢；3℃以下播种，则当年不能出苗。

二是温度高低影响出叶速度和数量。在越冬前，昼夜平均温度高，出叶速度即快，反之则慢。

在适宜温度范围内，温度高，出叶快，出蘖也相对快。分蘖出生的最适宜温度为 13℃～18℃，低于 10℃分蘖出生缓慢，低于 2℃～4℃基本停止分蘖，高于 18℃分蘖出生受抑制。所以播种过早的麦田，由于温度高，常引起低位分蘖“缺位”；播种过晚时，由于温度低，积温少，叶片数少，所以分蘖很少或不发生冬前分蘖。

在生产中，改善肥水条件，虽可略微弥补由于晚播造成的损失，但不是根本的办法。因此，应该有计划地安排前茬的种植和收获，尽量争取适时播种。目前对晚播麦田进行地膜覆盖，可相对增加热量，弥补温度不足，但成本较高。

具体安排播期时，要处理好以下三个问题。

其一，在适期范围内，根据品种、地力、土质、墒情等情况，安排好播种的先后顺序。一般半冬性或春性品种可比冬性品种晚播；肥地可比瘦地晚播；盐碱地发苗晚，宜早播；旱地或墒情差的地块要趁墒播；晚播麦要抢时播。

其二，在适期范围内，要有计划地安排人力、物力等，使绝大部分麦田在当地最佳播期内播种，尽量减少早播、晚播麦田。

其三，不同年度间，秋、冬温度会有差异，但适时播种范围应与常年基本一致，不可随意做太大调整，以便使播种期常年处于稳定、安全的范围内。

2. 确定合理的种植密度(基本苗)　单位面积上基本苗的多少，不仅影响麦苗壮弱，而且对其后群体的形成和发展也有极大影响。因此，必须确定既有利于单株生长健壮、又有利于群体发展的合理密度。

(1)确定密度的原则　密度的确定同品种特性、播期、土壤肥力等有关。一般原则是：分蘖力强的品种比分蘖力弱的品种，基本苗要少些。

水地、肥田能承担较多的穗数，但由于分蘖多、成穗率高，用比较少的基本苗可获得较多的穗数。因此，争取相似的穗数时，基本苗可由低到高有较大的调节幅度，即争取穗数的途径既可以是主穗和分蘖穗并重，也可以是以分蘖穗为主。

旱薄地能承担的穗数少，分蘖少、成穗率也低，所以应缩小基本苗数与穗数的差距，其播量调节幅度也小，争取穗数的途径应以主茎穗为主。

播种期晚时，应适当加大播种量，增加基本苗数，以苗数保穗数；播种早的，应适当降低基本苗数，充分发挥分蘖成穗的作用。

(2)基本苗数的确定　基本苗的确定可参考如下程序。

①以地定产：即根据地块历年的产量水平，结合当年的具体情况，确定每块地的计划产量。

②以产定穗：即根据计划产量和所用品种，确定应争取的适宜穗数。

③以穗定苗：即根据计划争取的穗数，结合分蘖成穗率的状况，确定适宜的基本苗数。

(3)播种量的计算　基本苗数确定后，即可根据计划的基本苗数，结合种子的千粒重、发芽率、田间出苗率等来计算播种量。播种量以下式计算：

$$\text{播种量(千克/667 米}^2\text{)}=\frac{\text{每 667 米}^2\text{ 预定基本苗数}\times\text{单粒重(克)}}{1000\times\text{发芽率}\times\text{田间出苗率}}$$

式中，单粒重(克)＝千粒重(克)/1000。1000 是指 1 千克＝1000 克。

例如，每 667 米^2 预定基本苗数为 20 万，千粒重为 40 克，发芽率为 95％，田出苗率为 85％时，每 667 米^2 播量为：

$$\text{播种量(千克/667 米}^2\text{)}=\frac{200000\times0.04}{1000\times0.95\times0.85}=9.91$$

3. 提高播种技术,严格质量要求 在土壤良好、播期适宜的情况下,播种作业质量的优劣就成为影响壮苗的关键因素。

对播种质量的具体要求是:播量准确,落粒均匀,不重播漏播,行距一致,不靠行并垄,覆土深度适宜,深浅一致,不留田边地头。其中以覆土深度适宜、深浅一致和落粒均匀对幼苗生长影响最大。

小麦的覆土深度以3～5厘米为宜。实践证明,这个深度是既有利于壮苗,又可确保安全越冬的深度。播种过深,覆土超过5厘米,会影响麦苗生长,表现出苗晚,麦苗细弱;覆土过浅时,在墒情好时虽然出苗早,但越冬易造成冻害。浅的低限是能使分蘖节处于安全越冬的位置,一般不少于3厘米。

在上述适宜覆土深度范围内,土壤黏重、墒情好,可适当浅些;沙性土、墒情差或旱地,可适当深些。

另外,落粒均匀对苗匀、苗壮、全田生长整齐影响很大。落粒均匀有两个含义:一是田间各行的下种量应一致;二是行内各籽粒间距尽量一致,不缺苗断垄,也不形成"疙瘩苗"。在播种较晚或播种量大时,更要切实给予重视。

思考题

1. 播种之前最主要的农事活动有哪些?
2. 什么样的麦苗属于壮苗?壮苗在小麦增产中有什么作用?
3. 什么是优良品种?
4. 播前种子准备有哪些工作要做?如何做?
5. 为什么要制定科学的施肥计划?
6. 如何对播前土壤墒情进行诊断?
7. 精细播种包含哪几项内容?

第四章 冬小麦栽培技术

一、小麦的产量与产量形成过程

(一)小麦产量的来源

同其他作物一样,光合作用的产物是小麦产量的基本来源,约占植株总干重的90%～95%。小麦一生中通过光合作用所生成的有机物质,一部分消耗于能量代谢,以维持其生命活动;大部分用来建造营养器官和生殖器官。根、茎、叶、蘖、穗、粒的总干重,称为小麦的生物产量;籽粒产量称为经济产量。通常把生物产量转化为经济产量的效率称为经济系数。也就是说,小麦的经济产量=生物产量×经济系数。在一般情况下,生物产量高是经济产量高的基础,而在同样的生物产量的情况下,经济产量则决定于经济系数的高低。小麦的经济系数一般为0.4左右。

目前的研究表明,欲生产6 000～7 500千克/公顷籽粒,生物产量应不少于18 000～19 500千克/公顷,净光合生产率应在4～4.5克/(米^2·日),经济系数应在0.35～0.4。

因此,一切栽培管理措施,都围绕着尽可能为小麦生育创造适宜的环境条件和合理群体结构,以有利于干物质的积累和籽粒产量的提高。

(二)小麦产量构成因素及产量形成分析

1. 小麦的产量构成因素 为追踪小麦籽粒产量的形成过程,

通常把产量分解为穗数、穗粒数和粒重三个因素，称为“产量构成三因素”。也就是说，只有获得足够的穗数、穗粒数和粒重，才能得到较高的产量。在一般情况下，单位面积上的穗数主要反映群体的大小，而每穗粒数和粒重的乘积（穗粒重）则主要反映群体内个体的发育状况（健壮程度）。

2. 穗数、穗粒数、粒重在产量形成中的地位 小麦的产量潜力可以从品种影响和生态环境影响两方面进行分析，同时，某一品种产量潜力的发挥，只有通过各产量因素协调地、成比例地改善才能实现。

小麦单位面积的有效穗数主要受环境条件的制约，而较少地受品种特性的影响。每穗粒数则比有效穗数较多地受品种特性的影响。千粒重的潜力则主要受品种特性的制约。显然，生产条件和生产技术对三个产量因素的影响程度为：有效穗数＞每穗粒数＞粒重。说明在小麦生产中，改善种植环境的效应首先表现在穗数上，其次才是穗粒数和粒重。也就是说，在三个产量因素中，穗数是比较容易争取的产量因素。我国小麦生产实践也表明，随着生产条件的改善和栽培技术的改进，产量由低产→中产→高产的发展，首先表现为增穗增产。

从栽培角度出发，穗数、穗粒数和粒重在实际产量中所占的比例分别约为 47.5%、29.3%和 23.2%。即在三个产量因素中，穗数约占产量组成比重的 50%左右，说明争取穗数是提高小麦产量的首要因素。同时也可以看到，单位面积的粒数（穗数×每穗粒数）在产量中占 3/4 以上的比重，说明开花之前穗数和穗粒数的形成及合理群体结构的形成，对产量具有重要意义。粒重是最后形成的产量因素，它对产量的高低和有无也至关重要。只有三个产量因素协调发展才能获得高产。因此，在小麦生产中必须根据苗情发展和生育环境条件的变化，随时不断地采取相应的栽培措施，协调各产量因素的形成过程。

3. 产量因素的形成 小麦的产量形成过程可分解为三个过程,即穗数形成过程、穗粒数形成过程和粒重形成过程。三个过程各自处于小麦生育过程的不同时期,并且分别受不同因子的制约。对小麦产量因素的分析,有助于寻找制约产量形成的主导因子和制定调节措施。

(1)穗数的形成 小麦的穗数由主茎穗和分蘖穗组成。主茎穗的数量决定于基本苗数,而分蘖穗的数量则决定于分蘖的数量和质量(成穗率)。分蘖的数量与基本苗数和单株分蘖数有关。穗数形成与诸因子的关系可分解表示为图 4-1。

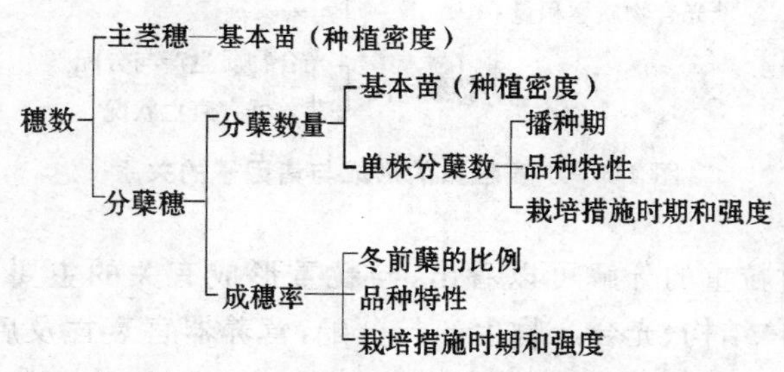

图 4-1 小麦穗数形成与诸因子的关系

由图 4-1 可见,与穗数形成有关的主要因素是:基本苗、播种期、品种特性和具体栽培措施的时期和强度。

(2)穗粒数的形成 小麦的每穗粒数决定于结实小花的数量。穗粒数与诸因子的关系可分解表示为图 4-2。

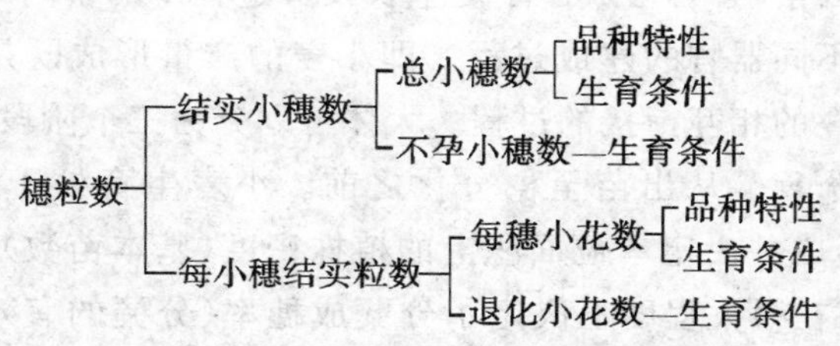

图 4-2 小麦穗粒数的形成与诸因子的关系

从以上对穗粒数形成的分解中可见，与穗粒数形成有关的主要因素是：品种、麦穗分化和发育过程中的生育条件。

(3)粒重的形成　小麦粒重的大小决定于籽粒容积和光合产物的累积数量。粒重与诸因子的关系可分解为图 4-3。

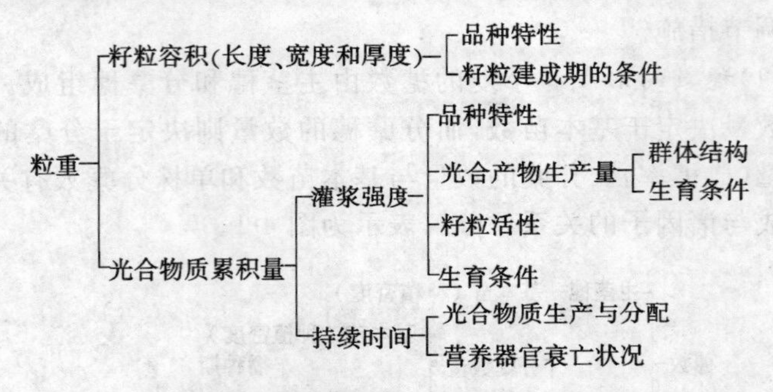

图 4-3　小麦粒重的形成与诸因子的关系

从对粒重的分解可以看出，与粒重形成有关的主要因素是：品种、群体结构、光合产物生产与分配，营养器官衰亡及后期的生育条件。

从以上对产量因素形成的分析可知，与产量三因素形成相关的基本生产要素主要有：小麦生育期间的生育条件、基本苗数、播种期、品种特性、群体结构状况和光合产物生产与分配状况等。

4. 小麦产量在生长期间的形成　小麦的穗数、穗粒数和粒重三个产量因素，各自形成于小麦生长发育过程中的不同时期，又分别决定于不同器官的建成过程。即小麦的产量形成既是有序的，又是有重叠的相互衔接的过程。大体可划分为三个阶段。

第一阶段　从出苗至穗分化之前。小麦生育处于营养生长期，主要形成并决定单位面积上的植株密度（基本苗数）和每株的分蘖数，并在很大程度上决定了分蘖成穗率（分蘖的有效性）。也可以说，这一阶段是对单位面积穗数起决定作用的时期，也是为产量形成打基础的时期。

第二阶段　从穗分化至抽穗开花期间。小麦生育处于营养生长与生殖生长并进期，是最后决定每株穗数（或单位面积穗数）和每穗可孕花数（或结实小花数）的重要时期。这个阶段是对产量形成影响最大的时期，因为这个期间不仅决定了穗数，而且为穗粒数的形成奠定了基础。

第三阶段　小麦开花后，进入生殖生长，这一期间决定每穗粒数、籽粒贮藏能力（库容）和粒重，是产量形成的保证时期，在管理上应予以特别重视，否则会前功尽弃。

由上述可见，小麦的产量因素是在生长发育过程中一步一步形成的，在生产管理中也必须分阶段控制，实现阶段目标，并逐步向总的产量目标逼近。

二、冬前及越冬期的生育特点与麦田管理技术

从播种出苗到越冬开始（日平均气温降到2℃以下）是小麦的冬前生长时期。适期播种的冬小麦一般经历50～60天。从年前平均气温降至2℃以下开始到翌年平均气温回升到2℃左右时止，一般称为小麦越冬期。小麦的冬前时期和越冬期，是根系、叶片、分蘖等器官形成的营养生长期，这个期间的生长状况对春季麦苗生长和争取穗多、穗大、粒饱有重要影响。

（一）冬前及越冬期间小麦的生育特点和管理方向

①小麦出苗后，个体迅速长大。初生根不断伸长，出现分枝，次生根发生并不断伸展，根系吸收范围迅速扩大。

②麦苗长到二叶一心时，开始出生分蘖，并按叶蘖同伸规律，不断增加数目，逐渐形成膨大的分蘖节。

③主茎和分蘖叶片数目不断增加，叶面积逐渐扩大，至越冬

前，叶面积系数逐渐增至1.0～1.2。

④在适宜温度条件下，小麦进行春化阶段的发育。

⑤光合产物除用于形成根、叶、蘖等营养器官外，越冬前开始在分蘖节中大量累积糖分等越冬所需的营养物质。

⑥当气温降至2℃以下时，地上部基本停止生长。在冬季严寒的地区，越冬期间地上部大部分叶片干枯；深层根系尚有伸长。

根据小麦以上生育特点和产量总目标的要求，这一期间的主要任务是培育冬前壮苗，保证苗全、苗匀、苗齐和安全越冬。

（二）冬前及越冬期麦田管理的主要措施

秋播质量与冬前管理有密切关系。凡秋播质量好的，秋季管理比较简单，可顺理成章地达到“苗全、苗匀、苗齐、苗壮”的基本要求。秋播质量较差时，则需要针对小麦田的具体问题采取补救措施，使麦苗符合要求。

1. 及时查苗补苗，确保苗全、苗匀 在小麦刚出苗时，就要及时进行查苗补种。要求无漏播、无缺苗断垄。一般行内10厘米一段无苗为缺苗，10厘米以上行段无苗为断垄。为了使补种的种子早出土，可预先浸种催芽后播种。若补种后仍有缺苗断垄，可在越冬前20～30天疏密补稀，移栽补苗。

2. 及时破除地面板结 播种后遇雨或浇蒙头水（播种后进行田面灌水）后，要及时破除地面板结，以利于出苗。浇冻水过早的麦田要及时进行锄划，既可以锄草，又可以松土保墒，并可避免由于土壤龟裂造成的冬季干寒风侵袭死苗。

3. 早管弱苗，促弱转壮 由于土壤干旱或过湿，基肥不足，土壤板结，土壤盐碱过重，过晚播种等，均可造成弱苗。弱苗的共同特点是：叶片出生缓慢，叶片瘦小或早期变黄，不发次生根，不分蘖或分蘖极少，全田总茎数不足。对这类麦田，要针对形成弱苗的原因，进行管理，争取及早转壮。

4. 因苗追肥　对冬前麦苗生长正常又无脱肥迹象的麦田，一般不必施用冬肥，以免造成春季分蘖过多、群体过大的弊端。对播种时未施基化肥或种肥，或薄地弱苗、晚茬弱苗以及早播脱肥麦田，应依照苗情、地力，及时追施化肥，以促使麦苗由弱转壮。这不仅对麦苗安全越冬有利，而且对翌春生长也有益处。在有机肥源充足的地区，可在冬季追施腊肥，能收到防寒保苗、补充养分的双重效应。

5. 适时浇冻(冬)水　在我国北方冬麦区，浇冻(冬)水可稳定土壤水分和地温，是保证麦苗安全越冬的重要措施，也为翌春返青生长创造了良好的条件，具有显著增产作用。浇冻水要掌握以下两点。

(1)要看土壤墒情决定是否浇和浇多少　越冬前土壤相对含水量在70%以下时，应适时浇冻水。对水分充足或低洼湿地春季返浆过重的地块也可不浇冻水。

(2)要做到适时浇　一般认为在土壤昼消夜冻时，即日平均气温3℃～4℃时浇水最适宜。浇冻水过早，温度高、蒸发量大，入冬时土壤含水量已大量丧失，起不到贮墒防寒的作用；浇冻水太晚，水不下渗，地面积水成冰，容易伤苗。

6. 做好防治病虫工作　越冬前主要害虫是蝼蛄、金针虫、麦秆蝇、蚜虫等，多发性病害有锈病、白粉病、全蚀病等，要注意监测，控制发病中心，及时防治。

(三)秋、冬季苗情诊断及调节

1. 秋季气候年型与冬前苗情　秋季麦苗的状态，除受播种质量影响外，气候条件也给予重要影响，如秋季的降雨、温度、日照等因素均制约小麦的生长发育，按每一地区秋季冷暖程度、入冬时期的早晚及降水量的多少等的不同，可划分为不同的气候年型，如秋暖型、秋寒型、秋涝型、秋旱型、秋正常型等。由于地区生态条件不同,各种年型出现的频率也不同。

如果以降水因素为主,参考热量因素,可将上述气候年型简单地划分为以下三种类型。

(1)秋季正常型　冬前热量和伏、秋雨量与历年平均值相近或稍有偏离,一切农业措施可按常年进行。在农艺措施无重大失误时,一般易形成壮苗。

(2)秋旱型　伏、秋少雨,冬前热量正常或略高。这种年型易造成底墒不足,无灌水条件时,表层也缺墒,出苗困难。所以水浇地应浇好底墒水,旱地应做好保墒,否则会因干旱造成缺苗、弱苗、黄苗。注意浇足冻水,补足底墒。

(3)秋涝型　伏、秋雨量大,往往温度较常年低。常由于土壤黏湿、整地质量差、地面板结等,引起黄苗、形成弱苗。

总之,在小麦大田生产上,应针对不同年型,选择农艺技术措施,以实现培育冬前壮苗的目标。

2. 越冬期气候条件与麦苗安全越冬　壮苗是安全越冬的基础,但越冬期间的气候条件,特别是温度条件,对小麦生长和安全越冬有重要影响。

(1)临冬前温度变化与麦苗的抗寒能力　冬小麦进入临冬之前,日平均气温低于5℃时,地上部叶、蘖生长缓慢;低于3℃时,地上部基本停止生长。此时秋高气爽,光照较强,温度虽低,但能进行光合作用。同时昼夜温差大,呼吸消耗少,生长慢消耗也少,因此光合产物输入分蘖节中贮存,大量糖分积累使细胞液浓度提高,冰点降低。当气温继续降至－2℃～－5℃时,植株生理活动降低,细胞缩水,原生质浓度进一步提高,逐步形成抗寒能力。凡阴雨多、光照不足及临冬前气温骤降的秋季,均不利于麦苗抗寒锻炼,降低了麦苗的抗寒性。另外,秋季弱苗、过密或多氮的旺苗都不利于分蘖节糖分累积,而增施磷肥却有助于增强麦苗的抗寒能力。

(2)越冬期气候条件与越冬冻害　越冬冻害一般是指小麦在

越冬期间，由于长时期的0℃以下较强低温所造成的伤害。它可使小麦整株或部分茎蘖死亡。冻害严重的年份常导致小麦大量死亡，总茎数下降，引起大幅度减产。小麦的越冬期冻害主要发生在小麦越冬休眠期和早春萌动期。大致归纳为以下三种类型。

①初冬温度骤变型：在小麦刚进入越冬期时，气温突然降至－10℃以下，使初经抗寒锻炼的麦苗在寒冷突袭下受伤害。

②冬季长寒型：越冬期间持续低温，并有强寒潮引起急剧降温。如黄淮平原麦区最低气温可降至－14℃～－16℃，华北和黄土高原北部可降至－22℃～－26℃。在降温幅度大，持续时间长，再加上土壤干旱时，常造成大面积严重死苗。

③冻融型：在冬季或冬末春初，如果天气回暖，常引起麦苗提前萌动，而后天气又复转冷，骤暖骤冷，冻融交替，则引起小麦死苗。

另外，在新疆北部还有一种积雪不稳定型冻害，是由于越冬期内5厘米厚以上的积雪少于60天所致。

(3)引起越冬死苗的其他原因

①土壤掀耸：又称“冻拔”或“凌抬”。是由冻结时土壤孔隙中的水结成冰晶，之后又融化而引起的。冻融的反复交替使土壤表层隆起或下沉，致使小麦根系断裂或使分蘖节露于地表而死亡。在我国，突然掀耸常发生在冬小麦无明显休眠期的华中、华东等地。华北中部的低洼湖区、托水地或冻水大水漫灌，也常有“凌抬”现象发生。

②冬壳害：小麦在冰壳下越冬造成麦苗伤害。如浇冻水过晚、大水漫灌后未待下渗即结冰或雨雪后的雪水复又结冰，在冰盖厚度大于3厘米并持续半个月以上时，幼苗生长状况恶化，抗寒力下降，或因氧气缺乏窒息而亡。

③淹害：也称冻涝害。多发生于内涝地区。我国北方冬小麦的淹害常因春季灌水过早而形成，也有因早春降雪不能很快融化

而形成的“雪害”，或因降雨引起返浆期局部积水而造成淹害。

3. 旺苗与弱苗的成因及苗情诊断 为对冬、春麦田田间管理提供依据，一般应在秋季和越冬期间对麦苗的长相、长势及群体状况进行多次考察，以便按不同苗情进行针对性管理。在目前大田生产上，一般把苗情分为壮苗、旺苗和弱苗三类。壮苗管理上比较简便，这里着重论述旺苗和弱苗的成因，以便采取不同的调节措施控制旺苗转壮，及促进弱苗转壮。

(1)旺苗成因及诊断

①旺苗的长相：个体生长过旺，表现为叶色墨绿，叶片披散、大而薄，第三至第五叶的长度超过 15 厘米，年前叶片数超过 7 片，分蘖节膨大不明显。正常播期下，出苗后 1 个月(如北京为 10 月底)即开始封垄。在每 667 米^{2}20 万～25 万基本苗情况下，单株分蘖超过 3.5 个，群体总茎数在出苗后 1 个月即超过预计穗数的 20%以上，年前总茎数超过 110 万。

②旺苗的成因：形成旺苗的主要原因可归结为：一是播种过早，出叶、出蘖在相对高的温度下完成。弱冬性品种早播时，表现更甚。二是土壤肥力高，尤其是基氮肥用量过多。三是水分充足，经常处于适宜水分的上限值附近。四是秋暖型天气，特别是 10 月份和 11 月份(北方大部麦区)气温较高，出叶、出蘖速度快，时间长。五是基本苗太多。六是上述诸因素中的某几个因素同时出现时，更加剧旺苗的形成。

③旺苗的控制措施：对有旺长趋势的麦田，应进行蹲苗，切忌运用肥水。对叶片过于肥大、披散，分蘖增长过猛的旺苗，可在 11 月上旬采取压麦措施。压麦最好在晴天近午后进行，以免伤苗过重。浇冻水宜偏晚进行，不施冬肥。另外，在 10 月中旬，喷洒多效唑溶液，对抑制叶片过长生长，有良好的效果。喷洒浓度为100～200 毫克/升，即每 667 米^2 用 15%多效唑粉剂 30～40 克，对水 10～15 升，叶面施用。对于过度旺长的麦田，可采取深中耕断根

措施控制个体和群体发展。

(2)弱苗成因及苗情诊断 引起弱苗的原因很多,主要可归纳为以下几个方面。

①土壤水分不足:当耕层土壤水分长时间低于12%时,常使麦苗生长缓慢,甚至停止生长,形成缩心苗。多数表现为叶片窄小,颜色灰绿,单叶由叶尖向基部变黄,全株由下向上出现杏黄色黄叶。麦行中显现麦脚变黄。单株次生根少或无,呈黄褐色,根毛少,拔起时根上不附带土粒。单株分蘖少或无,缺少低位蘖,分蘖节瘦小。对这类麦田应及时浇水补墒。

②覆土过深:整地后耕层太暄或人为加大播深,当覆土深度超过6厘米时,常导致出苗时间长,出苗晚。由于在出苗过程中过多消耗养分,使幼苗细弱,表现为叶片细长,苗色黄绿。胚芽鞘和地中茎细长,常发生多节伸长现象。播种过深的麦苗,次生根和分蘖很少发生。覆土深而又镇压较重或晚播麦覆土过深时,影响更甚。

③覆土过浅:播种时土壤过湿,覆土不严或很浅,或人为原因造成(如机械调整不当)覆土过浅,虽然出苗不晚,但常使分蘖节裸露地表,分蘖和次生根不能正常发生。

④地面板结、地紧实、通气不良:由于整地时土壤水分过多或播后遇雨或浇蒙头水,常造成耕层过于紧实、地面板结的状况。它不仅使出苗率降低,而且幼苗细弱,全田出现黄苗。

⑤土壤肥力低下或缺肥:麦田严重缺氮时,麦苗由三叶期开始落黄,叶色黄或黄绿,叶片窄小。严重缺磷时,新叶叶尖、叶鞘上部和叶缘发紫。心叶生长迟缓,严重时成“缩心苗”。无分蘖,次生根少或无。

⑥盐碱危害:当土壤含盐量超过0.3%,秋季土壤水分蒸发快时,土壤溶液浓度增加,影响次生根发生,种子根、地中茎、胚芽鞘和叶鞘的地下部都为锈褐色。叶片细窄,呈黄绿色。没有分蘖和

次生根。

在小麦大田管理上，应分析造成弱苗的原因，然后因苗进行管理。即针对造成弱苗的主要原因，采取综合技术措施，促弱苗转壮。但在管理上应注意以下问题：

对因缺墒影响麦苗生长的麦田，原则上应及时补水。但土壤墒情可保证出苗的，一般忌浇“蒙头水”。由于其他原因需要浇水（如补施肥料等）的，宜在三叶期后进行，俗称“满月水”，水量宜小不宜大。

从上述弱苗成因可看到，任何弱苗都与根系发育不良有关，所以，一切促弱转壮的措施，首先应着眼于促根。如搂麦、锄麦等措施都是为了解决表土紧实问题，并增加土壤通气性，蓄墒保墒，减少土壤蒸发和返盐，对促根促蘖有显著作用。在没有次生根或次生根很少的情况下，大量追肥促苗常起不到应有的效果，肥料利用也不经济。所以在施用氮、磷肥料促弱转壮时，应适量，并配合浇小水等促根措施。

对符合播种质量要求的晚播麦，不可视为弱苗，应按晚播麦管理技术进行管理。

4.“小老苗”（或僵苗）的成因和补救措施 “小老苗”是小麦出苗后，由于种种原因造成幼苗出叶、发根、分蘖缓慢，迟迟不长的现象。这类麦苗在北方称为“小老苗”，在南方称为“僵苗”。造成“小老苗”和“僵苗”的主要原因是土壤板结潮湿，土壤通气性差，整地质量差，土壤缺磷和播种过深等。

其一，长江中下游麦区，秋播期间阴雨连绵，土壤板结、通气性差，以至形成黄根、红叶、独秆的“僵苗”。对这类麦田应加强麦田排水，松土散湿，增温促根；并补施磷肥，促根增蘖促发苗。

其二，在北方冬麦区，“小老苗”主要发生在排水不良的低洼、易涝、盐碱地和稻茬地上。这些地的通病是地下水位高，土壤板湿，通透性差，早春地温低，速效氮、磷养分释放慢。有些地块是由于返盐伤根。对这类麦田应健全排水系统，降低地下水位，生育期间应勤松土，改善土壤通透性。

其三，秋季土壤干旱、脱肥也可形成“小老苗”，对这类麦田应结合浇水，追施氮、磷肥，使其较快发苗。

其四，晚播小麦，冬前苗体小，次生根少。若冻水偏晚而又造成耕层冻结、水分过多时，返青期返浆重、表层通气状况恶化，影响次生根出生，也易形成“小老苗”。对这类麦田，应在早春松土通气，促进发根。另外，在各类土壤中，都可因播种过深，导致苗体细弱，迟迟不发的“小老苗”。这在晚播小麦中表现更甚。

由上可见，造成“小老苗”、“僵苗”的原因是多方面的，采取补救措施时，应针对成因，对症解决。

总之，从播种至越冬是培育壮苗的关键时期，而越冬期是冬前生长和春季生长的过渡时期。因此，越冬期管理不仅有保苗安全越冬问题，还有稳定壮苗、促弱苗转壮和控制旺苗的问题，是为春季管理奠定基础的重要环节。

5. 小麦“弱株”的形成及防止措施　在小麦群体中，常夹杂一些营养器官发育不良的单株。其主要形态特征是植株细弱矮小、叶少、蘖少；成熟时表现为麦穗小、籽粒轻，单株生产力低。这类杂于群体中的单株叫做“弱株”。弱株在群体中所占比例（称弱株率）越大，对小麦产量影响越甚。

产生“弱株”的主要原因可归纳为：

（1）基本苗（密度）过多　基本苗多少与弱株率有密切关系。如在早播、稀植情况下（每公顷 300 万以下基本苗），弱株率较低，仅在 10％以下。随着播种密度增加，尤其是在晚播密植情况下，弱株率明显上升。据北京农业大学调查，晚播麦在 600 万/公顷基本苗时，弱株率为 11％左右；750 万/公顷基本苗时，弱株率为 23％以上；825 万/公顷基本苗时，弱株率达 30％以上。可见，过高的种植密度是弱株增加的重要原因。

(2)籽粒大小不一　在大小粒种子混播,尤其是种子中的小粒所占比例大时,弱株率明显增加。如用100%的小粒种子播种,弱株率为26.9%,比用100%大粒种子播种,弱株率增加16.6个百分点。在用1∶2或2∶1的大小粒混种时,其弱株率分别达到26.3%和20.3%。可见大小粒混种时,更易形成弱株;小粒种所占比例越大,弱株率越高。

(3)落粒不匀　播种时行内或播幅内落粒、出苗不匀,常导致个体间发育不均衡,加大株间差异。苗稀的地段单株营养面积大,通风透光条件好,个体发育健壮。苗密的地段个体相互拥挤,易形成弱株。

(4)其他原因　诸如整地质量差,基肥、种肥或追肥施用不匀等,均可引起弱株率的上升。

由上可见,弱株是大田群体中普遍存在的问题,但是只要针对以上弱株成因,采取相应对策,就可以把弱株率降到最低限度。

(四)冬前及越冬期苗情考察内容

为给生产管理提供依据,应定期、定段(或普查)对麦田苗情进行考察。在一般大田生产上应包括如下考察内容。

1. 个体(单株)性状考察　主要考察主茎叶片数,次生根数,各叶片的长、宽及叶面积,叶片色泽,分蘖数、各蘖名称、带次生根的蘖数和单株干物重等。另外,株高、覆土深度、地中茎长度、分蘖节距地面距离等也可考察记载。

通过以上考察,不仅可以了解单株器官发生的数量状况,还可以进一步分析其质量状况。如依据单株出叶数或单株分蘖数的多少和株间差异,判断苗的整齐程度和生长均衡程度。并可依据实际出叶、出蘖、生根的数量与理论数的差异程度,判别措施的优劣和引起差异的原因。

2. 群体状况调查　主要是对分蘖、叶面积等的增长动态进行调查。单位面积的基本苗数(植株密度)是最基本的数据,应在出苗至分蘖期之前(三叶期前)进行调查。分蘖始期后应定期调查全田分蘖增长情况,判断分蘖发展趋势。关于分蘖的质量状况,可通过单株分蘖数及株间差异程度,分析株间生长整齐度;也可以分别记载各个分蘖的叶片数和次生根数,了解冬前大蘖(一般认为是具有3片叶以上并有次生根的分蘖)的数量,为春季管理提供依据。

三、返青起身期的生育特点与麦田管理技术

在广大的冬麦区,当春季天气回暖,温度升至2℃～4℃及以上时,小麦即从越冬状态恢复生长;至返青时,麦田呈现明快的绿色。小麦返青也是一生中的重要转折时期,冬前壮苗能否安全越冬,转为春季壮苗,并进而发育为壮株,是小麦能否高产的重要环节。

(一)返青起身期的生育特点

1. 茎生长锥的转变和穗发育 一般秋播小麦至返青期已完成春化发育过程,当春季温度回升至4℃以上时,即逐步进入光周期的发育。生长锥由营养生长锥转入生殖器官的发育。至此,小麦主茎的叶片数目、茎节数目已基本定数,分蘖原基也基本停止分化新的原基。返青起身期包含了小麦幼穗发育的伸长期、单棱期和二棱期。在这个生育过程中,小麦不仅完成了自身最重要的转折——由营养生长向生殖生长的转变,而且也是决定单位面积穗数和每穗小穗数目的重要时期。

2. 根系生长 当春季气温回升,土壤解冻后,小麦根系即开始活跃生长。首先是年前长出的初生根和次生根继续向纵深扩展;此后随着地上部的生长,在冬前发根的节位之上,顺序增加发根层次和不定根(节根)数。发生新根是麦苗真正返青的重要标

志，至起身期应出生一层以上的新节根。返青后迟迟不发苗的弱苗，常表现为不发新根，这种情况一般发生在地湿、地寒、土壤通透性差，土壤干旱，缺磷及越冬受伤害的麦田。年前生长过旺，地力消耗大，植株贮藏养分不多的旺苗，也往往发根迟缓、返青晚。因此，促进早生根是返青起身期管理的方向之一。

3. 叶片生长 小麦返青后，冬春过渡叶(跨年度叶)及春生第一叶、第二叶陆续出生，主茎和分蘖的春生叶片数迅速增加，绿叶面积的形成和扩展主要决定于叶片数目。在大田生产中，促进麦苗早发、早返青，较快地扩大光合面积，对培育春季壮苗、形成大穗具有重要意义。

4. 分蘖的发生 当春季温度回升至2℃～4℃及以上时，年前出生的蘖恢复生长，春季分蘖开始陆续出生，进入春季分蘖增长阶段。随着温度上升，逐渐形成春季分蘖增长高峰。分蘖的大量发生使单株叶片数迅速增加，也使单株叶面积迅速扩大，形成一定的光合能力。至二棱末期，基本接近全田总茎数最高值。

5. 茎节的伸长活动 随着叶片分化的结束，茎节数目已定数，但在二棱期之前均未表现出伸长活动。至二棱末期，基部第一伸长节间开始缓慢伸长，不久即进入“生理拔节”。

(二)返青起身期的肥水效应

1. 返青期的肥水效应 小麦返青后不久，茎生长锥即开始伸长活动。返青期的肥水可使春季分蘖增加，也有利于小穗的发育；并促进春生第二、第三叶片及春生第二、第一叶的叶鞘的生长。但中部叶片加大，往往给拔节后麦田的基部透光带来不良影响。

2. 单棱期的肥水效应 当春生第一叶伸出时，穗发育进入单棱期。此期施用肥水，除可以增加春季分蘖和穗轴节片数目外，还可使春四叶、春三叶的叶片及相应叶鞘加大。这些叶片的加大，会给生育中后期的群体透光带来不良影响。当肥水施用量过大时，还可影响上部叶片和基部伸长节间的伸长，甚至招致贪青和晚熟。因此，对群体较大的麦田，施用单棱期肥水应慎重。在麦田基本苗少、总茎数少、群体过小时，返青和单棱期肥水对促进营养体的繁茂程度、扩大光合面积和强度、增加有效穗数有明显作用。

3. 起身期(二棱期)的肥水效应　起身期(春二叶伸出)肥水可促进春五叶、春四叶叶片加大，并促进第一、第二节间伸长。所以起身肥施用不当时，有引起上部叶片过大、基部节间过长而招致倒伏的风险。当穗发育进入二棱期(春二叶伸出)后，春季分蘖增长速度减缓，并逐渐达到全田最高总茎数，是分蘖两极分化的前期。此期肥水运用得当，可提高分蘖成穗率，保蘖增穗作用明显。另外，二棱期肥水对提高小穗分化强度、增加小穗数目、促进小花发育有重要作用。

(三)返青起身期的管理方向和主要技术措施

1. 管理方向　由返青起身期小麦的生育特点可以看到，此期是决定每穗小穗数目，提高成穗率，为穗数奠定基础的主要时期。其主要管理方向可归纳如下。

①促进麦苗早返青、早生长，培育春季壮苗；

②巩固年前分蘖，控制春季分蘖，提高成穗率，确保穗数；

③促进小穗分化，争取大穗；

④为营养生长和生殖生长协调发展奠定基础。

2. 主要技术措施

(1)*搂麦和压麦*　搂麦(或锄麦)可以松土保墒，还能提高地温，促进根系发育。在大田生产中，是否搂麦，要根据具体条件来决定。对有旺长趋势的麦田可深搂(锄)，以抑制春季分蘖发生。如果冻水浇得适时、适量，经冬、春冻融作用后形成松散的表层，即可不必搂麦。若冻水浇得早或秋、冬温度过高，土壤失水严重，地表龟裂、板结时，应在早春及时搂麦(或锄地)，以便弥合裂缝，松土保墒。对这类麦田，也可在地表化冻 5 厘米左右时，在晴天的下午进行压麦，可以起到弥缝保墒作用。对有旺长趋势的麦田，早春压麦有抑制旺长、防止倒伏的积极作用。

(2)返青期追肥　返青期追肥要根据苗情、地力等决定是否实施。

①弱苗：对于由各种原因引起的弱苗，返青期施肥对促其转壮和增加穗数是有利的。对于施肥充足或已施用冬肥的麦田，则不能再施返青肥。

②旺苗和壮苗：对于在秋、冬已建立了适宜群体的壮苗和偏旺苗，只要不表现脱肥，返青期则不必施肥，以免造成群体过大。

(3)返青期浇水　是否浇返青水，应视墒情、地力、温度和苗情而定。土壤墒情适宜时，返青期一般不浇水，以免浇水后造成地面板结，降低地温而影响返青。对于未浇冻水或冻水浇得过早，越冬期间严重失墒，返青期 0～50 厘米土层的水分严重亏缺，特别是当分蘖节处于干土层而影响返青时，应及时浇返青水。浇水的时间应在 5 厘米平均地温稳定在 5℃以上时进行。返青水浇得太早，有时会引起早春冻害。

(4)起身期(二棱期)肥水　由于二棱期肥水以保蘖增穗为主要目的，因此是否需要施用二棱期肥水，应依是否需要保蘖为主要衡量指标。

①若年前群体适中或较大，基肥和地力充足，不施二棱肥也能确保要求的穗数时，则可以不施或减量施用，以取其利避其害。

②若冬前基本苗少，群体偏小，基肥少而又地力弱时，则应酌情施用，以确保穗数。

③对于晚播麦田，在基本苗够数，基肥施用充足，而墒情又较好时，则不应施用二棱期肥水，以免延迟成熟，造成减产。

在实施返青起身肥水时应注意以下两个问题：

一是单棱期肥水和二棱期肥水效应基本相同，需要施用时只择其一。若返青期不需补水,一般以二棱肥水为好。

二是单棱肥和二棱肥的施肥量不宜过大,以能起到保蘖作用而在拔节前又不脱肥为原则。一般施肥量占全生育期总施肥量的1/4左右。若施肥量过大,常导致中上部叶片过大,基部节间过长,田间郁闭,穗数过多,而引起倒伏。

四、拔节期的生育特点与麦田管理技术

在小麦幼穗分化进入小花分化期(春三叶伸出)时,茎的基部伸长节间开始明显的伸长活动,这种伸长活动叫做"生理拔节"。当第一伸长节间露出地面1.5~2厘米时,叫做"农学拔节",也就是栽培上习惯讲的"拔节"。从雌、雄蕊原基分化至药隔形成期都可以看做栽培上的拔节期。所以,拔节期管理又常称为药隔期管理。对以收获籽粒为目的的小麦而言,拔节是开花结实的前提条件,而拔节期间的生育条件对小麦单位面积穗数、每穗粒数的形成和群体结构的形成都有重要影响。

(一)拔节期的生育特点

1. 器官出生速度快,生长量大 小麦起身后开始转入旺盛生长时期。拔节至抽穗前是小麦一生中生长速度最快、生长量最大的时期,叶、茎、根、穗等器官同时迅速生长。据测定,从拔节至孕穗期间,穗长增加20~30倍,叶面积增加50%,节间体积增长10~15倍。

2. 拔节前后是小花分化最集中的时期 拔节至孕穗是决定完全花(性器官发育健全的花)数目的重要时期,而完全花的多少对小花结实率有重要影响。也就是说,拔节期是减少小花退化、保花增粒的关键时期。

3. 全田总茎数在拔节期前后达到高峰 在小麦拔节期前后,

分蘖停止发生,大多数麦田的总茎数达到最高值,之后分蘖开始呈明显两极分化的趋势,大蘖迅速追赶主茎,而无效分蘖开始渐次衰亡。茎叶的迅速生长使植株个体体积迅速增大,所占空间成倍增加,群体与个体矛盾明显增大。

4. 叶片生长 拔节前后,春生第三、第四、第五叶陆续出生。随叶位上升,单个叶片的叶面积逐渐增大。拔节后,群体叶面积的大小不再由绿叶数目起主导作用,而主要取决于片叶面积的大小。春生三、四、五叶的大小和质量,对群体结构的好坏及后期光合产物的多少都有影响。

5. 茎节生长 小麦起身之后,基部节间开始微小的伸长活动。至小花分化期,基部第一伸长节间已经明显伸长,之后各节间陆续伸长。当穗分化处于药隔形成期(拔节期),第一伸长节间露出地表,伸长活动已趋缓慢,接近定长。

6. 根的生长 小麦返青后,随着春生叶的出生,发根节位也依次上移,至拔节前出现根系生长高峰。拔节后根层已发生到最上的地下节,基本停止增加新的根层及根数。但由于单株各蘖间拔节时期不一致,分蘖停止发生新根的时间相对较迟,故在拔节后单株根数仍有少量增加。已经出生的根的伸长和扩展活动,可一直持续到抽穗开花期。

(二)拔节期的肥水效应

小麦拔节及拔节之后,营养生长和生殖生长、地上部和地下部各器官同时生长,在营养、光照、光合物质分配等方面,形成多方面的矛盾。正确运用肥水,避害趋利,有利于器官形成向穗多、穗大,并为粒重形成创造良好环境的方向发展。

拔节期的肥水效应主要表现在以下几个方面:

一是拔节期肥水对茎生各叶已影响甚小,对基部第一、第二伸长节间影响也不大;但可促进上部第三、第四、第五节间伸长,这对叶片在空中展布有利。

二是拔节后分蘖大量衰亡,田间总茎数下降,介于成穗与衰亡之间的“动摇蘖”是争取穗数的主要对象。这时的肥水不仅可以稳定和确保穗数,还可以促进穗齐。

三是雌、雄蕊分化期至药隔形成期尚在大量分化小花,此期肥水可以增加发育完全的小花的数量,减少小花退化,保花增粒效果明显。

四是促进最上层不定根的发生,增加次生根数量,增强根系活性,并对维持花后绿叶功能,维持正常成熟,增加粒重有利。

总之,拔节期肥水可兼顾穗数、穗粒数和粒重三个产量因素,是各次施肥中效果最好的。

(三)拔节期的肥水诊断与施用技术

拔节期肥水不仅可以减少不孕小花、提高穗粒数,而且可以稳定穗数,提高粒重,因此一般麦田均应施用。但在具体实施时,必须依据地力、苗情等确定施用时间和数量。

其一,在前期肥水得当,个体生育健壮,群体大小适中时,应视地力、苗色适量追肥,以防止后期脱肥。施肥量一般为全生育期施氮量的 40%左右,即对这类麦田采取重施拔节肥的原则。施肥后应及时浇拔节水。

其二,前期群体过大,麦苗有旺长趋势,土壤肥力又高时,应酌情少施拔节肥,以免造成倒伏或贪青晚熟。但要适时浇好拔节水,因为拔节期土壤水分含量若低于田间持水量的 60%,则会引起穗数减少,粒数降低。对这类麦田应在孕穗期视苗情发展状况酌情补肥,防止前期旺长,后期脱肥、早衰现象的发生。

其三,对群体和长相相似的麦田,拔节期肥水的施用应看基本苗和分蘖情况。基本苗少的麦田,应酌情提前追施肥水时间,适当增加施肥数量。基本苗多的麦田,则应酌情推迟追施肥水时间,适当减少施肥数量。分蘖总数中大蘖所占比例较大的，应酌情推迟追施肥水时间；但在分蘖总数虽多，小蘖或春季分蘖所占比例较大时，应酌情提前施用肥水，以确保穗数。总之，肥水实施应以能达到确保穗数、又利于保花增粒为原则。

其四，对基本苗已接近要求穗数的晚播麦田，追施肥水时间要看总茎数和苗色。总茎数过高而不表现缺肥的麦田，应酌情推迟拔节肥水；反之，可以适当提前。这类麦田基本苗数多，穗数有保证，确定追施肥水时间和施用量时应注意两点：一要有利于增加穗粒数，二要不招致倒伏、贪青和晚熟。

其五，拔节期肥水可理解为从雌、雄蕊分化至药隔形成期这一期间的肥水。因此，在灌水时间上，应依苗情由弱→壮→旺的顺序而推迟，在施氮肥量上亦相应减少用量。在高产田中，拔节肥水一般不应早于雌雄蕊原基分化期（约挑旗孕穗前 15 天），但也不应晚于覆盖器官伸长期（约挑旗孕穗前 5 天）。拔节肥水施用过早易使基部节间过长、上部叶片过大、麦脚不利落造成田间郁闭，增加倒伏危险性；施用过晚，则起不到保花增粒作用，使穗粒数严重下降。

五、孕穗抽穗期的生育特点与麦田管理技术

小麦进入孕穗阶段，营养体和结实器官已基本形成，单位面积穗数和每穗小穗数、小花数也已基本形成，但此期麦田管理对小穗、小花结实率影响极大，是制约每穗粒数的重要时期，同时对后期建造高光效的群体也有很大影响。

（一）孕穗期的生育特点

特点之一　小麦在孕穗前后，单株体积迅速增大，约比返青时增长 10 倍以上，比拔节期增长 3 倍以上。同时，在挑旗前后，单株和群体叶面积达到最大值。但由于最上两个节间尚未充分伸长，

致使叶片集中于近地面 30～50 厘米的空间，极容易造成遮光郁闭。

特点之二　幼穗发育接近四分体期，这时在麦穗上基本停止分化新的小花。在已分化的小花中，除能在短时间内进入四分体的小花外，其余小花均转向退化。因此，四分体期（即孕穗期）是小花两极分化的转折点，也是小麦对外界环境条件反应最敏感的时期，不利的条件会严重影响每穗粒数，引起小麦产量降低。

特点之三　小麦的营养体基本建成。

(1)节间　小麦的穗下节间处于伸长初期，倒数第二节间处于伸长中期，此期肥水对最上这两个节间，尤其是对穗下节间伸长有较大影响。另外，在孕穗期，虽然基部第一、第二节间定长，第三节间基本定长，但这些节间的充实过程仍在进行。此期若肥水施用不当，常造成群体结构不良，田间郁闭遮光过重，致使茎中碳水化合物累积减少，充实度降低，不利于防止倒伏。

(2)根系　拔节期以后，由于地上部生长量增大，小麦根系生长相对减慢。至小麦发育的孕穗期，多数麦田的植株基本不再出生新根，但已出生根的伸展活动仍在进行。此期土壤的水、肥状态，不仅制约根系的扩展，而且对后期根系活性有较大影响。

(3)叶片　小麦进入挑旗期后，成穗植株的所有叶片均已展开。这时一般麦田的春生第一、第二片叶已趋向衰亡，单茎绿叶多为 4～5 片。孕穗期前后的单茎叶面积和群体叶面积均达到最大值。小麦的顶部三片叶，挑旗后正值功能盛期，延长这些叶片功能持续时间、提高其光合效能对产量形成至关重要。

(4)分蘖　孕穗前后，分蘖的两极分化已近终期，单位面积穗数基本固定。此期肥水对成穗数目已影响不大，但肥水施用不当时，会增加“下落穗”，造成全田穗子不整齐。

(二)孕穗、抽穗期的主要田间管理

1. 保证水分供应 孕穗期是穗发育的四分体期,对水分反应十分敏感,同时,由于茎叶迅速伸展,绿叶面积达到最大,所以麦田耗水量急剧增加,一般日耗水量在 30～45 米^3/公顷,所以此期应结合施孕穗肥浇水或单独进行浇水。

2. 酌情追肥 孕穗期是否追肥,要看地力和苗情。凡地力较好,叶色浓绿的麦田,不宜再追施氮肥,以防后期贪青晚熟。如表现地力不足叶色过早褪绿时,应补施一定量的氮素化肥或进行叶面施肥,以防止后期早衰。全田苗色不匀时,可点片补施"偏肥"。

3. 及早防治病虫害 在孕穗、抽穗期,北方冬麦区的主要害虫是蚜虫和黏虫,主要病害是白粉病和锈病,要注意监测疫情,及时防治。

4. 防止倒伏 小麦孕穗、抽穗后,由于植株高度增加,地上部重量的增大,茎秆发育尚不充实等原因,在遇到不利天气条件或管理不当时,常招致倒伏。为了防止过早发生倒伏,对群体过大的麦田,一要做到控制灌水量,二要做到大风时不浇水,尤其是喷灌条件下更应注意。

六、麦田后期管理技术

小麦生长后期包括开花、灌浆和成熟等生育时期。这个时期在北方平原冬麦区一般经历 35 天左右的时间,是小麦产量形成的关键时期。

(一)麦田后期的生育特点

1. 生育中心转向籽粒 小麦开花后,最大的特征是经过授粉、受精后形成籽粒。试验表明,开花后旗叶、倒二叶和穗部的光

合产物绝大部分输送给籽粒，基本不再向该叶位以下的其他器官输送。籽粒中累积的干物质大约2/3以上是由开花后的光合产物提供的。因此，做好后期管理，使植株在开花后制造更多的光合产物，是增加粒重而争取高产的重要物质基础。

2. 营养器官逐渐衰亡　在小麦生育的开花期前后，植株的营养器官逐渐衰亡，表现如下特征。

①单株穗数(或称单株成穗茎数)已经稳定下来，穗下节间及其他伸长节间的长度基本定长。随着籽粒发育，单株绿叶数逐渐减少。因此，延长这些叶片的功能，特别是顶部两片叶功能期的长短及其活性，对保证小麦灌浆的物质来源，增加粒重，起着重要作用，所以后期管理要特别注意护叶，防止叶片早衰。

②植株不再发生新根，根系的扩展活动也逐渐停止。根系活性在开花后也开始逐渐降低。

③单茎绿叶一般保存3～3.5片，是后期的主要功能叶片。

由上可见，从开花受精到籽粒成熟期间，麦田管理的主攻目标是：护叶、保根、争粒重。

3. 粒重形成受土壤和籽粒含水量变化的制约　开花后小麦籽粒含水量增长的速度和数量，影响灌浆开始的早晚及灌浆速度的大小。在土壤水分供应充足时，籽粒中的水分增长快、数量大，籽粒灌浆速度也大，易形成较大粒重。在土壤水分供应不足时，常导致籽粒急剧缩水，缩短灌浆时间，使粒重降低。因此，不论是粒重形成前期或后期，土壤供水状况均与粒重高低有密切关系，而且以对水分反应敏感的外围籽粒效果最明显。

(二)主要田间管理

1. 浇水　后期供水是争取粒重的决定性措施。抽穗后要依据天气和土壤墒情，有选择地浇好扬花、灌浆水和麦黄水，使麦田的土壤含水量保持在田间持水量的65％～80％。麦田含水量低于65%时，严重影响产量，高于80%时易引起贪青晚熟。一般以田间持水量的70%～75%最适宜籽粒增重。

2. 补肥 小麦开花至成熟期间，尚要吸收全生育期需氮总量的1/3和需磷量的2/5。后期供肥不足，会引起叶片和根系过早衰亡，降低粒重。因此，对于开花时表现脱肥而过早显黄的麦田，应适量追肥，或用根外追肥的方法予以调节。如花后喷洒1%～2%的尿素溶液或2%～4%的过磷酸钙溶液，都有增加粒重效果。

3. 防治病虫害 小麦抽穗后经常会发生黏虫、蚜虫、白粉病、锈病等危害，不仅直接消耗植株养分，而且严重损伤绿叶，造成光合物质生产率降低，严重影响产量，及时防治对提高粒重有积极意义。

4. 防止倒伏 倒伏不仅严重影响产量，而且造成收获困难。一般以坐脐、灌浆期间的倒伏减产最重。在前期已有群体的基础上，后期主要是掌握灌水量和灌水时间。

七、小麦的收获

小麦的收获时期和方法，对产量、品质及作业效率都有很大影响。而且我国大部分冬麦种植区的麦收季节正值雨季来临之前，因此及时收获、妥善安排好小麦收获工作，对确保丰产丰收极为重要。而良好的贮藏则是产品品质和种用价值的保证。

(一)收获适期的确定

小麦的收获期主要依据籽粒灌浆成熟进程来决定。籽粒的粒重一般在蜡熟末达到最高值，在此期收获不仅粒重高，而且出粉率也高，因此在小麦正常成熟的情况下，蜡熟中期是人工收获的适期，蜡熟末期至完熟期是机械收获适期。但在遭受干热风、阴雨早衰或高温逼熟等引起小麦过早干枯现象时，应随熟随收，以免降低粒重或造成严重的落粒损失。

小麦成熟后不及时收获会带来很多弊端：一是会导致粒重降低；二是若遇阴雨易引起穗发芽，使籽粒品质变差，并失去种用价值；三是若遇高温干燥天，使籽实急速脱水，收获时可引起大量掉穗、落粒损失；四是推迟下茬作物播种，影响全年收成。

（二）田间产量估测技术

在大面积种植小麦时，为更好地安排机械、贮运设备和包装物等，一般在麦收前应进行产量估测。

1. 产量估测时间　为了能准确估测小麦的单位面积产量，一般应在籽粒乳熟中期以后进行测产，因为这时单位面积穗数和每穗粒数已成定数，外围籽粒已相当饱满，便于计数。

2. 样田和样点的选择　为了能使产量估测更准确，一般应选地块测定。如果种植面积较大，地块较多，或对较大的种植区进行测产，也可以将麦田按长势、品种等情况进行初估、分类，然后取代表性地块进行。根据样田面积的大小、长势的整齐度等，采用对角线取 5 点或均匀布取 10 点。对生长整齐一致的麦田可少取几个点，对生长不一致的麦田可增加取样点。

3. 样段及样本选取　样段的选取应根据小麦播种方式及生长均匀度来决定。在条播情况下，一般用在田间样点上取一定长度的若干行进行测量；撒播田则量一定长、宽，计算出面积来测量。样段行长的决定，最好选测量地块的平均行距，然后以行距计算要取的样段行长及行数。如麦田播种方式是 0.15 米的等行距，则可计算出每 667 米^2 的总行长＝666.7/0.15＝4444.7 米。如果在田间取 44.4 厘米的一段，即为每 667 米^2 的万分之一，即在这个样段长度内计数的穗数即为每 667 米^2 的穗数（万/667 米^2），在实际测产中，为了提高准确性，可以以倍数延长样段长度和取样行数。一般样段长度不少于万分之一长的 2 倍，样段行数应不少于 2 行。

在确定样段长度和行数后，则计数样点内的全部穗数（穗粒数在3粒以下的不计算在穗数内），然后从全部穗数中随机取代表性的20～30穗，计数总粒数，并换算成每穗平均粒数。将误差低于5%的各样点数值平均，求得整个地块的穗数和平均每穗粒数。这样就获取了估测产量中的穗数和穗粒数两个关键数据。

4. 估测结果计算 在计算估测产量时，单位面积穗数和每穗粒数以实际数值为计算量，千粒重以该品种常年平均千粒重计，也可参照当年天气和麦田长势等略作修正。

估测产量由下式计算得出：

估测产量（千克/667 米^2）＝穗数（万/667 米^2）×每穗平均粒数（个/穗）×千粒重（克）×0.01（换算系数）

（三）小麦收获方法

小麦收获采用何种方法，应依当地生产条件和机械状况等而定。目前生产上主要采用人工收割、机械化分段收割和联合收割机收获。

人工收割适宜在没有收获机械或小的田块里运用，一般应在蜡熟中期收割，以减少捆运过程中的落粒损失。

机械化分段收割一般在蜡熟中期进行，先用割晒机把小麦割下，并散铺在麦茬上，在田间晒干后，用带有拾禾器的联合收割机捡拾脱粒。这种收获方法可提早3～5天收割，有利于早腾茬，而且收获损失率较小，产品的清洁率较高。

联合收割机收获是目前应用最广泛的方法，因为它一次完成收割和脱粒过程，作业效率高。联合收割应在蜡熟末期进行。过早过晚收割会造成收获效率低，并加大收获损失。

八、小麦氮肥施用技术

在小麦的施肥管理中，磷肥和钾肥施用简便，一般作基肥或追肥一次性施入，而氮肥除分为基肥和追肥外，追肥还需分次进行，因此对氮肥的施用方法、时期和技术应有更详尽的了解。

（一）小麦的氮素营养来源

小麦吸收氮素营养的主要来源有两个，一个是土壤氮，另一个是肥料氮。对小麦成熟期植株的测定结果表明，在小麦吸收的总氮量中，土壤氮占77％左右，肥料氮占23％左右。因此，土壤的肥力及其持续供氮能力占重要地位。从实现小麦“高产、高效、优质”和可持续发展的要求出发，应重视培肥地力，特别是有机肥（包括秸秆还田）的施用。但考虑到土壤本身的供氮特性并不总与小麦生育要求相一致的特点，运用施肥措施，进行阶段性供氮调节也是必需的。

另外，施入土壤中的肥料，并不能在当季被小麦全部吸收利用。一般氮素化肥作基肥时，当季利用率为30％左右；作追肥时，不同时期的追肥当季利用率分别是：起身期追肥50％左右，拔节期追肥60％左右，孕穗期追肥70％左右，扬花期追肥73％左右。可见，氮素化肥的当季利用率因施肥时期不同而有很大差异，有随施肥期后延而提高的趋势，而土壤残留则随施肥期后延而减少。

（二）不同时期的施氮效应和氮肥施用技术

氮素肥料施入土壤后，小麦即开始吸收利用，不久就出现一个吸收量最大、吸收最快的时期，这个时期称为“肥效高峰期”。肥效高峰期过后，植株尚能继续吸收利用施入的氮素，但吸收速度和量均明显降低，这个时期称为“肥效持续期”。了解小麦吸收利用肥料氮的这个特性，有助于掌握施肥技巧，把小麦需求与氮肥供应密切结合起来，达到既促进小麦生育，又提高化肥利用率的目的。

1. 基肥 基肥的肥效始于出苗，结束于药隔形成期（拔节期）。肥效高峰在冬前，约占全生育期吸收量的61%；二棱期至药隔期持续吸收39%。可见，基肥的肥效不能供应小麦全生育期。但在春季无水源条件的情况下，全生育期的肥料可以酌情在播种前一次作基肥施用。在土壤条件和生产条件较好的情况下，提倡氮肥分次施用，因为用全部氮肥作基肥一次施用，不仅利用率低，而且往往造成麦苗冬前过旺，春生叶片增大，群体结构不良的后果。

2. 单棱肥和二棱肥 单棱期（返青期）施肥后，由于气温低，植株生长缓慢，从单棱至二棱期仅吸收肥料氮的10%。肥效高峰在二棱至药隔期间，占单棱肥总吸收量的63%，与基肥的持续吸收期相重合。单棱肥在药隔至开花期持续吸收27%。

二棱肥（起身肥）的肥效高峰在二棱至药隔期，占二棱肥总吸收量的50%。肥效可持续到开花期，可见二棱肥与单棱肥肥效高峰相重合，二者的作用具有极大的相似性。所以在基肥施用得当的情况下，如果春季需要施用肥水，应尽量选择在二棱期（起身期）进行。

单棱肥和二棱肥的主要作用是保蘖增穗。因此，若年前群体大、基肥和地力足，不施单棱肥和二棱肥也能确保要求穗数时，则可减量施用或不施，以取其利（保蘖、增穗、促小花）、避其害（造成群体结构不良）。若年前群体小，基肥少而地力弱时，则应酌情施用，以确保穗数。单棱肥和二棱肥的施用量不宜过大，一般不超过总施氮量的1/3，以其肥效维持到药隔期，使拔节期叶片叶绿素含量稍降，叶色微淡为适量。

3. 药隔肥（拔节肥） 小麦拔节后，由于气温升高和植株生长量大，施肥后即出现吸氮高峰，药隔至开花占总吸收量的96%，开花后持续吸收4%。在土壤肥力较高、基肥施用量较多的情况下，基肥肥效可与药隔肥相衔接，根据苗情诊断可不施用单棱肥和二棱肥。

施肥试验结果表明，药隔期施肥的主要作用是保花增粒，但也可兼顾穗数和粒重两个产量因素。即它不仅可以提高成花率，减少小花退化，确保穗粒数；而且可以确保和稳定穗数，促进穗齐；也对维持花后绿叶功能，维持正常成熟，增加粒重有利。因此，拔节期肥水是各次氮素施肥中经济效益最好的。

在确定药隔肥的用量时应考虑群体和营养体的大小和苗色，一般群体过大和苗色过重的麦田宜少施，群体适宜和苗色正常的麦田宜多施。所谓重施拔节肥，并不是越多越好，一般以每 667 米^2 不超过 6 千克纯氮为宜。只要前期施肥不过量，重施拔节肥不会引起倒伏和贪青。

4. 扬花肥 在施用扬花肥时，由开花至面筋期可吸收总施氮量的 99%，主要用于籽粒蛋白质形成和维持籽粒灌浆期间的绿叶功能，对增加粒重有良好作用。自小麦开花到籽粒成熟，植株尚需吸收全生育期需氮量的 1/3 左右，但如果拔节期追肥得当，此期可不必施肥；若拔节期施肥较少，后期麦田颜色过浅时，应适当追施扬花肥，但每 667 米^2 用量以不超过 2 千克为宜。

(三)施肥方案的制定与实施

在小麦生产中，播种前应根据产量目标、地力条件、施肥效应等因素，制定或选择一个氮肥的施用方案或计划，以便能顺利达到“高产、高效、优质”的要求。

1. **需要明确的几个问题** 从尽量简化栽培管理措施的需求出发，在制定施肥方案时，应重点考虑以下几个方面，以便优选施肥方案。

其一，在各类麦田中基肥和药隔肥是必不可少的，因为二者可把壮苗、穗数、穗粒数和粒重的形成较好地协调起来，并促使其同步增长。

其二，在高产麦田中用施氮总量的 30%～40%作基肥时，其肥效可与药隔肥相衔接。

其三，单棱肥和二棱肥的主要作用是争取穗数，在年前壮苗、分蘖够数，春季不必去“争”也可确保穗数时，单棱肥和二棱肥可作为调节或补充肥施用，根据苗情和地力，可“减”（减少施用量）、可“缓”（缓期施用）、可“免”（不施用）。

其四，要充分发挥氮素肥料的作用，需要与施用磷、钾肥相配合。

其五，在有条件进行测土施肥时，应以测定后所推出的施肥量进行施用。

2. 几种可供参考的施肥方案 目前在一般施肥量和地力水平下，宜保持基肥—二棱肥—药隔肥的施肥方案；在高肥、高地力条件下，可选用基肥—药隔肥的施肥方案。对于晚播麦田，宜采用基肥—药隔肥方案，以防止晚熟和降低穗粒重。在施肥量少、旱地上，宜掌握前、中重的施肥原则，以确保穗数，争取产量。因为在这些麦田上，穗数是确保产量的基础因素。

（四）几种主要氮肥的施用方法

1. 尿素 尿素[$CO(NH_2)_2$，含氮45%～46%]是人工合成的有机物，它吸湿性强（临界吸湿点为空气相对湿度的72%～80%），在盛夏时不宜在潮湿环境下敞开存放。宜单独施用，不要与硫铵、硝铵、氯化钾等混合。尿素为中性肥料，易溶于水，在土壤中易随水移动或流失或水解为氨（NH_3）挥发，所以尿素宜深施，宜作基肥和追肥，特别适宜作追肥，但尿素不宜作种肥。小麦叶片可直接吸收尿素，所以可作叶面喷施（一般用2%的浓度）。

2. 硫酸铵 硫酸铵[$(NH_4)_2SO_4$，含氮20%～21%]简称硫铵，是我国作为标准肥料的品种。硫酸铵施入土壤后，小麦对NH_4^+吸收多而对SO_4^{-2}吸收较少，因而硫铵属于生理酸性肥料，不宜在酸性土壤中连续施用，贮藏中也不宜与碱性物质（如石灰）或碱性肥料混存。硫酸铵中的硫对防止小麦贪青和改善小麦加工品质有重要作用。硫铵中的 NH_4^+ 在土壤中被分解为游离氨(NH_3)时易挥发损失，所以硫铵宜深施，不宜作表面追肥。

3. 氯化铵　氯化铵(NH_4Cl，含氮24%～26%)，吸湿点接近硫铵，为生理酸性肥料，不宜在酸性土壤中连续施用，特别不宜在含 Cl^- 多的盐土上施用。氯化铵应以作基肥为主，不宜作种肥和表面追肥。

4. 碳酸氢铵　碳酸氢铵(NH_4HCO_3，含氮17%)简称碳铵。碳铵易溶于水，由于其分子结构不稳定，故在常温下也易分解，造成氨损失，并灼伤作物叶片。碳铵在热潮环境下加速分解与挥发。但碳铵在土壤中分解后不含任何有害成分，长期施用不影响土壤性质，是最安全的氮肥之一；另外，碳铵的铵离子更易被土壤吸持。因此，碳铵只要能完全与土壤接触，即能被土粒吸持，深施挥发损失更小，即碳铵宜作基肥或开沟施用，不宜作追肥。另外，碳铵在较高温度下会分解，故应避开高温季节或一天中的高温时期施用。在小麦施肥中，提倡碳铵与其他氮肥品种搭配使用，如将碳铵作基肥(用于低温季节)，尿素或硫铵等作追肥(用于高温季节)。

思考题

1. 什么是小麦的产量构成因素？并简述产量是如何在生育过程中形成的。

2. 冬前和越冬期都有哪些田间管理？它们对小麦生产的全过程发生什么影响？

3. 返青起身期肥水的主要效应是什么？都有哪些重要的田间管理活动？

4. 为什么说拔节期肥水对小麦增产具有最重要的作用？

5. 如何对拔节期肥水的施用进行田间诊断？

6. 孕穗抽穗期的田间管理对穗粒数形成有什么作用？

7. 麦田后期管理有哪些？它们对粒重形成有什么影响？

8. 如何根据地力、苗情、肥效选择氮肥施用方案？

第五章 小麦高产途径及其选择

一、小麦高产的多途径

在小麦高产栽培中，生产者可以通过科学试验、生产经验总结或借助计算机决策，在生产过程整体优化的前提下，因地域条件、生产条件、品种类型等不同，选择多种栽培途径实现"高产、高效、优质"的目标。

(一)形成小麦高产多类型的原因

在创造小麦高产的过程中，为什么会形成多个不同的高产类型呢？按产量形成的条件和过程，可以大致归纳为以下几个方面的原因。

1. 品种特性的差异 小麦分布极广，在不同的生态环境条件下形成了不同类型的品种，而不同类型品种在产量形成上又具有不同的特点。例如，强冬性或冬性品种类型多表现为分蘖力强，单株成穗多，穗较小，但单位面积穗容量较大等；而春性品种常表现为分蘖力较弱，单株成穗数较少，穗大、粒多的特点。因此，在小麦生产中，因选择的品种类型不同，会形成不同的栽培过程和模式。

2. 产量因素间存在着相互制约的关系 小麦的籽粒产量是由单位面积的穗数、每穗粒数和粒重(千粒重)所构成。虽然小麦的产量正比于单位面积穗数、每穗粒数和粒重三个产量因素，但由于穗数、穗粒数和粒重均受限于一定范围内，因此产量也受限于一定范围，而不可能无限制增加。在小麦产量形成过程中，三个产量因素之间既存在着协调一致性，又存在着矛盾。在一定的穗数范围内，随着穗数的增加，穗粒数和粒重可以同步增长，但是当穗数不断提高，超过一定限度时，会引起穗粒数减少和粒重降低。反之，如果片面追求高的穗粒数与粒重，穗数就会达不到高产要求。因此，只有在三个产量因素协调发展时，才可以发挥巨大的增产能力。由于穗数、穗粒数和粒重在一定变动范围内可以形成不同的组合，也就形成了多种高产类型途径或模式，并通过这些不同高产类型，获得相近似的产量目标。比如，可以通过每 667 米^2 35 万穗、每穗 30 粒、千粒重 48 克的产量因素组合，形成每 667 米^2 500 千克的籽粒产量；也可以通过每 667 米^2 55 万穗、每穗 24 粒、千粒重 38 克的产量因素组合，形成 500 千克的籽粒产量。

3. 小麦各产量因素的形成是一个有序的过程　小麦经济产量的形成，按产量因素的表示方法，可以划分为三个过程，即穗数形成过程、每穗粒数形成过程和籽粒粒重形成过程。这三个过程表现出依序而又重叠的特点，即产量因素的形成按穗数→每穗粒数→粒重的顺序形成，但穗数的形成过程与穗粒数的形成过程又是重叠进行的。

上述特点决定了小麦产量构成三因素的如下性能，即先形成的因素影响后形成因素的发展，而后形成的因素又可补偿前一因素的某些缺失。例如：①处于营养生长期的小麦，其根、叶、蘖的发生状况有决定下一阶段的穗数、穗粒数生长程度的作用。②小麦穗发育和穗、小花的形成是以前期的发育为基础的，前期茎、叶、根的生育状态直接影响贮藏能力(单位面积的籽粒数)的形成。③小麦的粒重则决定于前期所形成的贮藏能力是否能得到充分的发展。④在产量形成的渐进生育过程中，表现为后形成因素对前一因素缺失具有调节和补偿功能。如在穗数不足时，往往每穗粒数、粒重较高等。

4. 产量和产量因素的形成与个体、群体的发展过程密切相关 例如,单位面积的穗数与基本苗数、冬前茎数、最高茎数、分蘖成穗率密切关联;而每穗粒数与每穗小穗数、小花数、结实率等存在密切关系。因此,在获得相似穗数时,可以通过不同的基本苗→冬前茎→最高茎→成穗率的发展过程,当然也可以通过相似的基本苗,获得不同的穗数。

5. 小麦的生长发育和产量形成过程受到诸多因素的制约 小麦的穗数、穗粒数和千粒重的形成是品种的遗传性与环境条件共同作用的结果。这些环境条件主要是:种植区域的气候资源、土壤资源、水资源、生物资源和栽培措施等。这样,在不同的环境条件下,就形成了与之相适应的多种高产类型途径或模式。

(二)高产栽培中主要的途径及类型

1. 按穗数构成成分的分类 按穗数中主茎穗和分蘖穗所占的比例,小麦的产量形成可分为如下三个基本类型。

(1)主茎穗为主 主要特点是基本苗多,主茎穗占总穗数的60%~80%及以上,一般穗粒数较低。这种类型的主要优点是穗数容易获得,缺点是不易获得合理群体结构,倒伏风险性大,适用于晚播麦田或中等肥力的地块。

(2)分蘖穗为主 主要特点是基本苗少,主茎穗占总穗数的20%~30%,分蘖成穗率高达50%以上,一般穗粒数较高。这种类型的主要优点是较易创造合理群体结构,倒伏危险性小,但要求适时播种、较好的地力和较高的管理水平。如山东省推广的精播高产种植方式,即属此种类型。晚播、地力较差、品种分蘖力和成穗率低时,不宜采用。

(3)主茎穗和分蘖穗并重 在穗数组成中,主茎穗和分蘖穗各占一半左右,是大面积生产采用较多的类型。

2. 按产量因素构成特点的分类 按穗数、穗粒数、粒重在产量中所占的比重，可将小麦产量形成分为两大类型。

(1)多穗型　主要特点是单位面积穗数较多，即穗数在产量构成中占有较大比重。一般每667米^{2}约50万～60万穗。上述三种类型——主茎穗为主、分蘖穗为主、主蘖并重中的任何一类，均可以形成多穗型高产田。多穗型高产类型应选择抗倒伏性好、穗容量大的品种。

(2)穗重型　主要特点是单位面积穗数较少，但穗粒重(穗粒重=穗粒数×粒重)较高。单穗重一般在1.3克以上。较高的穗重是由于穗粒数多或粒重高或二者兼备形成的。采用穗重型高产类型，应以大穗、大粒型品种为基础。

3. 按播种期的分类　播种期早晚的实质问题是冬前积温。而冬前积温是影响冬前叶片数、分蘖数的主导因素。按播种后所拥有的冬前积温数量，可划分为早播、适期播和晚播三种高产类型。

(1)早播高产类型(早茬麦)　一般冬前积温大于650℃，冬前叶片数多在7片左右。

(2)适播高产类型(中茬麦)　一般冬前积温介于650℃～450℃之间，冬前叶片数5片左右。

(3)晚播高产类型(晚茬麦)　一般冬前积温在400℃以下，冬前叶片数介于4～0片之间。

在实际生产中，由于条件的复杂性和各因素的综合性，尚可以划分更多的产量类型。

(三)高产类型的选择原则

同其他作物一样，小麦生产是人类利用小麦个体和群体将太阳能、无机盐、水等物质转化为经济产量的活动。这个生产过程是由气候、土壤、水、作物和技术等多种因素构成的复杂系统。在进行高产类型选择时，必须考虑诸多的制约因素。

1. 地域条件 在选择高产类型时，必须考虑农业自然资源，如光、温、热、水等气候条件；水资源（降水与供水）；土地资源（土壤肥力）等。在有较长秋季和温和冬季的条件下，可选用精播（稀植）高产途径，如黄淮冬麦区、长江中下游冬麦区等。而在一些秋季短、冬季严寒的地区，则宜选用密植、主茎穗为主的途径，如北方冬麦区等。

2. 品种特性 分蘖力是一种品种特性。分蘖力强的多穗型品种，一般单位面积的穗数容量大，但穗重较小。"大穗型"或"穗重型"品种单位面积穗容量较小，叶片较大，单穗穗重高。在目前高产条件下，争取高产所需的穗数，一般不成为生产的主要问题。因此，在选择高产类型时，应结合综合条件，考虑品种特性。如在秋、冬寒冷的地带，宜选用分蘖力强的多穗型品种；在秋、冬温和的地带，宜选用大穗、大粒型品种。

3. 播种期 播种期早晚对分蘖数量和质量有重要影响，因此在选择高产类型时，应考虑前茬的收获期。一般有早播或适时播种条件时，宜采用以分蘖为主的途径；晚播时则只能采用以主穗为主的途径。

4. 地力和生产条件 随着地力和生产条件的改善与提高，特别是在高产条件下，构成产量三要素中的单位面积穗数不再是限制增产的主要因素，而穗粒数和粒重往往成为高产的主攻方向。因此，在栽培措施上提倡减少播量，促进个体发展，控制群体过大发展，在取得一定穗数的基础上，以穗大、粒重争取高产。也就是说，在较好的地力和生产条件下，宜采用适期早播、精播，以分蘖穗为主或适期播种，主蘖并重的高产途径。

5. 农业措施 不论选用哪种高产类型，都必须有与之相应的配套农业技术措施，这是实现高产目标的关键。例如，早播高产田，多以分蘖穗为主，其配套措施为：基本苗少，基施氮肥略多，翌春追氮时期偏早等。而晚播高产田，应以主茎穗为主，其配套措施为：较大的基本苗，基施氮肥用量略少，以拔节前不缺氮为原则，翌春控制肥水进行蹲苗，重施拔节肥水等。

总之，高产类型的选择既要考虑综合条件，又要考虑主导因素。因为在不同的高产类型中，小麦的生长发育均表现出一些有利于高产的重要特点，也各有其弊端。只有在相应的生态及生产条件下，恰当地采用与之相匹配的栽培体系，才能使有利于高产的特点充分表现，并克服其容易发生的弊端。在不同地区或地块，依据不同条件选择不同的高产途径，是适应生态与生产条件的必然结果。

二、几种典型高产栽培技术介绍

目前，我国小麦生产已出现多途径创高产的局面。应用于生产的主要栽培体系有常规栽培技术、精播高产栽培技术、晚播高产栽培技术和旱地高产栽培技术等。

（一）常规栽培技术体系

常规栽培技术是从 20 世纪 60 年代中期开始形成的一类以主蘖并重为主要特征的栽培技术体系。经过多年的发展，逐步形成目前高产田中的常规栽培技术体系。

1. 主要特点

（1）中等的基本苗　适期播种时，每 667 米^2 基本苗 20 万～25 万株。

（2）群体较大　冬前茎数 90 万/667 米^2 左右，最高茎数 110 万～130 万/667 米^2，穗数 50 万～60 万/667 米^2。

（3）主蘖并重，较易获得足够的穗数　主茎穗和分蘖穗各占 50％左右，分蘖成穗率较低。

（4）单位面积穗容量大　单位面积穗容量（在获得高产的前提

下，单位面积所能承担的最高穗数）大，产量稳定，但穗粒重相对较低。

（5）群体与个体间矛盾较大　群体与个体间矛盾较大，田间基部透光率较低，管理不善容易倒伏。

（6）适应面较广　中、高肥力土壤均可采用。

2. 主要措施组合及技术要点

（1）播种　适期播种，冬前积温要求达500℃～600℃，基本苗每667米^2 20万～25万株。

（2）基肥　氮素作基肥用量占全期施氮总量的1/3左右。

（3）追肥　氮素追肥一般分两次施用，即起身期保蘖增穗和拔节期保花增粒。追肥前（起身）轻后（拔节）重。

（4）品种　品种可选用中肥或耐高肥品种。

（5）灌溉　后期浇好灌浆水，防早衰，保粒重。

（二）精播高产栽培技术体系

精播或半精播高产栽培技术，是我国20世纪70年代在常规栽培技术基础上，依据生产条件、品种改进等条件的变化而发展起来的另一条高产途径，近年来逐步形成完整的栽培技术体系。

1. 主要特点

（1）稀植，基本苗少　精播技术的主要特点就是严格控制基本苗数，一般在每667米^2 8万～12万株。控制基本苗，降低群体起点，培育冬前多蘖壮苗，是精播高产技术的基本点。

（2）单株分蘖多，无效蘖少，成穗率高，单株穗数多　在精播条件下，由于降低了基本苗和适时早播，冬前积温一般在600℃～700℃，年前单株分蘖6～8个，年后单株最高分蘖达10～15个。冬前分蘖成穗率达60％～80％及以上。

（3）在产量构成中，单位面积穗数以分蘖穗为主，穗粒重高　精播高产栽培是以分蘖成穗为主的高产途径，一般主茎穗占总穗数的20%～30%,分蘖穗占70%～80%。单穗重一般在1.2～2.0克,与同一品种在常规栽培下相比,穗粒数和千粒重均提高。

(4)群体较小,个体健壮　在早播、精播条件下,虽然单株分蘖数较多,但冬前茎数和年后最高茎数均比常规栽培条件下低。其群体结构动态一般是:冬前蘖为最终穗数的1.2倍左右;冬前叶面积系数为1左右,起身期为2左右,最大叶面积系数达6左右。精播麦田由于株型较大,饱和穗容量(接近倒伏界限的穗数量)较低,一般为每667米^2 40万穗左右。

另外,由于精播麦田基本苗少,群体发展由稀到密持续时间较长,明显改善穗发育期群体的光照条件,促进小麦产品器官的发育,这是精播高产的重要基础。田间光照条件的改善还增强了麦株的抗倒伏能力,较好地解决了高产与倒伏的矛盾。

(5)单株根系发达,吸收力强,抗逆力增强　精播条件下,单株次生根可达60～90条,每个有效茎平均15条左右,比常规栽培高出1/3。强大的根系不仅提高了植株的吸收能力,而且增强了小麦的抗寒、抗旱能力,是个体健壮的基础。

(6)单产高,肥料利用率高,经济效益高　精播条件下,一般每667米^{2}产量可达550～600千克。经济系数为0.45左右,而一般麦田为0.40左右。

(7)株型大　穗数过多或氮肥用量过多时,易引起中下部叶片早衰,造成粒重不稳。

2. 主要措施组合及技术要点　精播高产措施的基本要求是建立合理的群体结构,处理好群体与个体发育的矛盾。其主要技术要点如下。

(1)较高的土壤肥力和良好的水肥条件是精播高产的基础　生产实践表明,要达到每667米^2 550～600千克的产量,0～20厘米土层土壤肥力条件应为:有机质含量1.2%左右,含氮0.084%左右,水解氮50毫克/千克左右,速效磷30毫克/千克左右,速效钾

100毫克/千克左右。

(2)选用配套的优良品种　精播高产田应选择的品种特点是：单株生产力高，株高中等或矮秆、抗倒伏性能好，大穗、大粒、穗粒重高，株型紧凑、叶片较直立，经济系数较高，落黄好，抗病、抗逆性强。

(3)降低基本苗，适期早播培育壮苗　精播田的基本苗一般在每667米^{2}10万株左右。播种时应选用大粒种子，浅播、匀播，深浅一致。适当扩大行距，一般为20～30厘米。为形成多蘖壮苗，应适期早播，越冬前最好有600℃～700℃的积温。

(4)适时、适量施用肥水，建立合理群体结构　精播高产田的适宜群体指标为：基本苗10万/667米^{2}左右，年前总茎数60万/667米^{2}左右，年后最高总茎数80万～100万/667米^2，单位面积穗数40万/667米^{2}左右。适宜的叶面积系数为：冬前1左右，起身拔节期2.5～3.5，挑旗期6左右，灌浆期4～5。抽穗期离地面10～20厘米处的透光率不低于自然光的2%。

肥水运筹对群体发展有重要影响，精播高产田一般全期每667米^{2}施用有机肥5 000千克，纯氮10～15千克，五氧化二磷8～12千克，氧化钾12～16千克。其中基肥氮量占总量的1/2左右。对于地力好、施足基肥的麦田，一般冬前和返青期不施用肥水，而重施起身或拔节肥水。对麦田群体适中或偏小的，重施起身肥水；群体偏大旺长的麦田，则重施拔节肥水。

3. 精播高产栽培的应用基本条件　①以较高的土壤肥力为基础，并配以较好的肥水条件。土壤肥力一般，肥水条件较差的地块不宜采用。②适用于有一定的常规栽培经验，技术条件成熟的农户和地区。③具有适于高肥水的高产品种。④有可以适时早播的前茬地块。⑤与精播技术要求配套的精量播种机具。⑥在不完全具备上述条件时，可采用介于常规技术与精播技术之间的半精量栽培技术。

(三)晚播麦高产栽培技术体系

我国20世纪80年代以来,由于耕作制度的改革和复种指数的提高,作物争时、争季的矛盾越来越大,出现了一些因茬口晚而晚播的麦田。这些麦田的冬前积温不足400℃,年前叶片数仅在4片以下。至80年代中期,晚麦高产栽培技术体系逐步完善,并可获得与早茬、中茬麦相近的单位面积产量。

1. 主要特点

(1)大基本苗,以苗保穗,以主茎穗为主　晚播麦由于冬前积温少,所以单株的叶片少、分蘖少、成穗少。基本苗一般为穗数的70％～100％,越晚播,基本苗与穗数越接近。

(2)大群体,小株型　晚播麦由于群体起点高,虽然冬前分蘖较少,但冬前茎数仍然达到90万～110万/667米^{2}茎以上,年后最高茎数达150万/667米^{2}左右。单位面积穗数多在60万/667米^{2}左右。晚播麦单株穗数少,单穗重较常规麦和精播麦小,一般在0.8～1.1克之间。由于独特栽培管理技术,使之叶片短小而株型紧凑,群体结构合理,净光合生产率高,单位面积上能承受较大的穗容量。

(3)晚播而不晚熟,穗多而不倒伏　晚播麦配以相应的管理措施可使之不晚抽穗、不晚成熟;穗数虽多,但不倒伏。在晚播麦的产量构成中,穗数多是明显的特点。

(4)肥水管理重拔节　晚播麦田前期氮素供应以维持不缺为原则;拔节前重施氮肥而不贪青,维持正常成熟。

(5)具有较强的抗逆力　晚播麦越冬期处于阶段发育的低龄期,耐寒力较强。虽然冬前次生根少,抗旱能力较差,但年后总根量比常规麦多,具较强的耐旱能力。另外,晚播麦植株矮,基部节间短,穗下节间长,较有利于抗倒伏,并使穗部处于有利的受光姿态。

(6)具有成本低、效益高的相对优势　管理措施简化,成本低,经济效益显著。

2. 主要措施组合与技术要点　晚播麦高产技术的基本原则是:通过以苗保穗,配以特定的肥水管理使晚麦不晚熟,后期重施氮肥而不贪青,穗数多而不倒伏,产量形成期群体结构合理,净光合生产率高。其主要技术要点如下。

(1)选用耐晚播、抗逆、早熟性好的高产良种　由于晚播麦生育期缩短,穗分化开始晚,时间短,因此欲使晚麦高产,必须选用对缩短生育期反应不敏感和穗分化早、进度快、强度大的品种。在保证安全越冬的前提下,可依照播期和当地气候条件,选用冬性较弱的品种,较有利于晚播麦高产。

(2)适当加大播种量,保证基本苗数　晚播麦由于冬前积温少,分蘖少,单株穗数少,主要靠主茎成穗,因此应增加基本苗,以保证单位面积穗数。基本苗的多少,应以当地冬、春气候条件和晚播程度来确定。一般以越晚播、越接近要求穗数为原则。

(3)尽早播种,施足基肥　晚播麦应争取尽早播种,以充分利用光热资源,使冬前有较多的分蘖和较大的生长量。施用基肥是晚播麦增产的重要措施。一般基肥用量为总氮肥量的1/3左右。磷、钾肥全部用作基肥,并应比常规栽培麦增施磷、钾肥,以促进根系发育,维持正常成熟。

(4)浇好冻(冬)水,蓄墒防冻、防旱　晚播小麦苗期抗寒不耐旱,为保证麦苗安全越冬和为春季蹲苗打好基础,应适时适量浇好冻水。

(5)拔节前不施用肥水　为使晚播麦不晚熟,一般拔节前不施用肥水,以促进根系发育和加快穗发育进程,并同时控制群体的过度发展,实现"大群体,小株型"的目标。

(6)重施拔节肥水　拔节期是小麦保花增粒的重要时期,同时拔节后植株生长明显加快,吸肥、需肥量增加。拔节肥追氮量应占总施氮量的2/3左右。

(7)浇好孕穗、灌浆水　后期灌水对增加粒数、粒重有显著作用,因为它增加了灌浆强度,并延长了灌浆时间。

3. 应用的基本条件　①具有因提高复种而带来的晚茬田。②有中、上等的土壤条件和补充灌溉条件。③有适宜晚播的品种。④掌握晚播麦高产的特定肥水管理技术。

(四)非灌溉旱地高产栽培技术

长期以来,旱地小麦产量低而不稳,成为影响小麦平衡增产的重要原因。20世纪80年代以来,我国科学工作者研究了旱地麦产量形成特点,总结了一套旱地小麦高产栽培技术,使大面积的旱地麦产量稳定超过400千克/667米^2,有的甚至超过500千克/667米^2。

1. 主要特点

(1)产量目标　在非灌溉条件下,产量实现400～500千克/667米^2。

(2)在较大的穗数范围内,穗数及穗粒数可实现同步增长　旱地小麦由低产到高产,单位面积穗数增加,同时每穗粒数亦明显增加,而粒重一般比较稳定。旱地小麦高产田的产量结构一般为:穗数50万/667米^{2}左右,每穗30粒左右,千粒重40克左右。

(3)旱地小麦高产田的分蘖动态表现出早发早衰趋势　即冬前麦田分蘖多,春季分蘖消亡快,成穗率低。

(4)茎生叶片小,株型小,明显呈塔形　最大叶面积系数为5左右,后期绿叶多,熟相好。

(5)具有成本低、效益高的相对优势　旱地小麦不浇水,成本低,具有高产、高效、优质的特点。

2. 主要措施组合及技术要点　旱地麦是在特定生态条件下,发挥小麦生产潜力,实现高产的技术体系。主要包含以下技术措施。

(1)蓄水保墒的耕作制度　纳雨蓄墒是旱地麦高产的关键。一般采用浅耕灭茬、深耕蓄墒、耙耱收墒、播前精细整地等措施，纳蓄占全年降水量60%～70%的伏雨和秋、冬降水。

(2)培肥地力的施肥技术　旱地缺水常与土壤瘠薄相伴随，而且地力与有效水分利用率成正相关。因此，旱地小麦田要增施肥料，特别要增施有机肥和磷肥，这是提高水分利用效率获得高产的关键。旱地小麦一般无机会追肥，因此，一般全量肥料均作基肥施用。

(3)培育壮苗的播种技术　旱地麦宜在当地最佳播期内播种，并适当减少基本苗。基本苗数一般为20万～25万/667米^2。配合施用基肥，培育冬前壮苗，并控制冬前群体，减少水分消耗。

(4)建立高产低耗的群体结构　中等基本苗，较少或中等的冬前分蘖，较高的穗数，小株型，较大的后期绿叶面积，对改善田间光照条件、增加光合产量有积极意义。

(5)选用适宜的优良品种　利用抗旱耐瘠或抗旱耐肥品种。

3. 应用的基本条件　①土层深厚的非灌溉旱地。②全年水分条件不成为高产的主要限制因素。一般年降水量在600毫米左右。③有肥料(有机肥和化肥)投入条件。④配套的旱地小麦高产栽培技术。⑤抗逆性强的小麦高产品种。

思考题

1. 小麦生产中，主要的高产类型有哪些？划分依据是什么？
2. 选择高产类型(途径)时应考虑哪几方面的问题？
3. 简述常规栽培技术的主要特点与关键技术。
4. 精播高产麦田的主要特点及技术要点是什么？
5. 晚播麦应采取哪些措施确保晚播不晚熟，晚播不低产？
6. 旱地麦高产的关键技术是什么？

第六章 春小麦栽培技术

一、我国春小麦的分布

春小麦是指在春季进行播种的小麦。我国的春小麦多种植在冬季严寒、最冷月（1月）平均气温及年极端最低气温分别为−10℃左右及−30℃上下，秋播小麦不能安全越冬的地区，从地域上讲主要分布在长城以北，岷山、大雪山以西的寒冷、干旱或高原地带。根据降水、温度及地理位置、地势等，一般将春麦区划分为东北春麦亚区、北部春麦亚区和西北春麦亚区等三个亚区。

东北春麦亚区位于我国东北部，包括黑龙江、吉林两省全部，辽宁大部，内蒙古东北部的呼伦贝尔市、兴安盟、通辽市和赤峰市。本区在我国各春麦区中面积最大，总产最多，但单产不高。

北部春麦亚区位于我国大兴安岭以西，长城以北，西至内蒙古的鄂尔多斯市和巴彦淖尔市。包括内蒙古的锡林郭勒盟、巴彦淖尔市、乌兰察布市、鄂尔多斯市及呼和浩特市、包头市和乌海市，河北的张家口市、承德市，山西的大同市及雁北地区和吕梁地区，陕西榆林地区的部分县。全区主要处于蒙古高原，纯属大陆性气候，寒冷干燥，光照充足，但水资源贫乏，多数地区的单产不及东北春麦亚区。

西北春麦亚区北与蒙古国接界，西为我国新疆，西南以祁连山和青海相隔为界，东与内蒙古的鄂尔多斯市、巴彦淖尔市相邻，南部贯穿宁夏及甘肃南部。本区平均单产在各春麦亚区最高，但由于区内自然、生态条件差异较大，产量水平也相差极大。

有些学者除考虑温度、降水量、地势等因素外，结合生产和栽培技术特点，将我国春小麦分布简化为东部春麦区和西部春麦区两大区。其中东部春麦区涵盖东北春麦亚区全部和北部春麦亚区的东片，主要包括黑龙江、吉林、辽宁三省，内蒙古东北部和河北的宣化、怀来和承德三个地区以及山西晋北、大同地区。西部春麦区包括西北春麦亚区全部和内蒙古的中西部及陕西的榆林地区。云南、新疆、青海、西藏的春小麦种植区也归入本大区内。

二、春小麦种植区的主要环境特点

环境条件是影响春小麦地理分布、产量高低、栽培技术特征等的重要因素。我国春小麦区的东北春麦亚区、北部春麦亚区和西北春麦亚区的环境条件既存在相似之处，也存在较大差异。主要特点如下。

其一，我国的春小麦多种植于寒温带和中温带地区，除东北春麦亚区和北部春麦亚区的东片海拔较低，气候较为湿润外，其他大部分地区都处于高海拔地带，环境条件具有明显的大陆性气候和高原生态特征。

其二，我国春麦区的大部分地区日照充足，一般均在 2 600～3 100 小时。年太阳辐射量高达 140～150 千卡/厘米^2，光照资源丰富。在西北春麦亚区的高原地带，太阳辐射中的蓝紫光明显增加，这对植株蛋白质的合成、叶绿素的合成及二氧化碳同化等均有促进作用，因此，有利于光合产物的生产与积累。

其三，春麦区均处于冬季严寒而夏季较热、昼夜温差较大的条件下。春小麦各生长发育阶段的气温均处于适宜的温度范围内。一般≥0℃积温为 2 700℃～3 800℃，≥10℃积温为 2 000℃～3 350℃，这样的条件完全能够满足春小麦对于热量的需求。

其四，东北春麦亚区年降水量较多，但分布不均匀，且往往前旱后涝，其他春麦亚区降水量一般较少，因此降水少和分布不匀是制约春小麦产量的重要因素。但从总体看，春麦生长的4～9月份的降水量一般占年降水量的80%以上，处于雨热同季的有利条件下。西北春麦亚区的年降水量在250毫米以下，但有些地区的灌溉条件较好，由于气候干燥，病虫危害较轻，反而成了春麦区的高产地带。

其五，春麦播种区一般均处于土地资源丰富、人均耕地多的地区，但由于科学技术和资金投入不到位，使低产田比例较大，导致整个春小麦的单产不高。但这一区域也同时存在巨大的产量潜力。据测算，东北春麦亚区和北部春麦亚区的东片地区的综合产量潜力应在每667米^2 400～500千克及以上，而西北春麦亚区的光温生产潜力应在每667米^2 850～1400千克及以上。

三、春小麦的生长发育和产量形成特点

(一)一般特点

由于我国大部分春麦区的生态环境与冬麦区相差很大，因此在小麦的生长发育和产量形成上也形成有别于冬小麦的明显特点。我国东部春麦区、北部春麦区和西部春麦区的大部分地区的春小麦呈现如下特征。

1. 生育期偏短，前期生长发育较快　在上述大部分春麦种植区，春小麦的生育期偏短，大多在80～90天。生育期短的第一个影响是引起主茎叶片数比冬小麦少，一般为6～9片，虽然因品种、环境条件而有变动，但大部分稳定在7～8片叶；第二个影响是引起出苗至拔节期，即前期的发育加快，并从而导致幼穗分化过程的缩短和每穗小穗数的减少。

2. 分蘖过程短,分蘖成穗率低 春小麦的分蘖过程短,一般只持续15～20天,分蘖数量不仅比冬小麦少,而且单株成穗数和成穗率均较低。分蘖数的多少也是壮苗的重要标准。一般认为单株成穗数多,个体较壮,每穗平均粒数较多。所以促进早分蘖、多分蘖是前期管理的重要目标。

3. 幼穗分化开始早、进程快、过程短 春小麦的穗分化一般始于三叶期左右,虽然因品种、环境而有变化,但与冬小麦的穗分化相比,还是早得多。由于幼穗分化处于比冬小麦相对高的温度条件下,所以其分化进程快,过程相对较短。东北春麦区和北部春麦区的东部地区一般从穗伸长到四分体期持续35天左右,而北部春麦区的西部及西部春麦区持续37～55天,比我国大部分冬麦区的百天以上要短得多。由于营养生长期比冬小麦短得多,穗分化开始又早,因此造成营养生长,特别是分蘖过程与幼穗分化过程并进,再加上个体小,单株光合面积不大,因而营养生长与生殖生长有较大的矛盾,所以提早播种,加强基肥和种肥施用,促进苗期营养体健壮,对弥补幼穗分化过程早、快、短的缺陷有重要意义,也是争取穗大的重要环节。

4. 籽粒灌浆过程长短和粒重大小因地域差异大 在东北春麦区和北部春麦区,大部分春小麦的开花、籽粒形成和灌浆过程持续30～35天,如遇温度过高、多雨或干热风等灾害性天气时,极易引起粒重降低。而在西部春麦区的大部分地区,由于灌浆期间温度较低,而且昼夜温差大,光照充足,因而灌浆期达40天以上,千粒重高达50克以上。

5. 单株生产力低,通过增加基本苗保穗数是增产的关键 由于春小麦营养生长期短、分蘖过程短、穗分化过程短等,使春小麦的单株生产力大多不及冬小麦,因此适当增加基本苗数,使其基本接近要求的穗数是确保产量的基础环节。基本苗数和穗数的确定,要依据产量目标和当地生产条件和环境条件决定。在一般生产条件下宜采取主茎成穗为主，争取早蘖、大蘖成穗的途径；在高产条件下，可以适当增加分蘖穗的比重，逐步采用主蘖并重的途径。但应注意，由于春小麦生育期短，过多地利用分蘖可能导致穗层不整齐、成穗不一致的现象发生。

（二）特殊环境形成我国春小麦的高产地带

虽然春小麦的平均产量不高，但在我国西北春麦区的青藏高原、青海柴达木盆地、甘肃内祁连山北麓、云南大理等高海拔、强辐射地带，特殊的环境造就了我国春小麦的高产地带，我国小麦的最高单产就出现在这一地带。如青海香日德农场，1978 年有 0.26 公顷小麦，平均单产达到 15 195.8 千克/公顷，创全国小麦单产最高纪录。这一高产带的主要特征表现如下。

一是光能资源丰富，且光能利用率高。这一地带的年太阳辐射达到 131～190 千卡/厘米^2 左右，春小麦生育期间也高达 75～94 千卡/厘米^2 左右，比大部分春麦区和冬麦区均高很多。丰富的光能资源成为高产及高产潜力发挥的重要基础。

二是由于海拔较高，春小麦生育前期温度较低，气温回升慢，幼穗分化时间较长，特别有利于形成大穗和较多的穗粒数，同时也有利于分蘖及其成穗，形成壮株，单株生产力较其他春麦区有较大提高。

三是春小麦灌浆期间有较适宜的温度，一般日平均温度约为 12.3℃～16.7℃，而且昼夜温差较大，特别有利于灌浆时间的延长和粒重的增加，同时这一地区不存在冬小麦区和其他春麦区的“干热风”、“高温逼熟”等问题，因而使灌浆期长达 40～60 天，千粒重多在 50 克以上，甚至高达 70 克以上。

四是年降水量虽然不多，但多集中于春小麦生育期间，而且多数地区具有补充灌溉条件，增加了高产的稳定性。

五是这一高产地带多处于海拔 1 800 米以上，因此病虫害也相对较轻。

六是良好的生育条件使春小麦的个体与群体、产量三因素等得到均衡和协调的发展。较长的生育期和生育前期较低温度，为单株的发展和穗多、穗大、粒多创造了极为有利的温度条件；丰富的光能、优良的光质和较大的昼夜温差，不仅为光合产物的生产和积累创造了良好条件，而且较强的光照能抑制叶片和植株高度的过度增大，降低了在较大群体下(如单位面积穗数在750万/公顷以上时)的倒伏风险。

四、春小麦栽培技术要点

春小麦三个分布区的环境条件和生育特点存在一定差异，因此在栽培技术上也有不同的问题需要解决。归纳起来看，造成春小麦产量不高的主要问题有三个：一是生产条件相对较差，科技和物质投入均不足；二是耕作粗放，使本具备的生产潜力不能发挥；三是从产量因素上看，群体较小，主要是穗数不足，群体的光能利用率较低。要使春小麦的产量由低产走向高产，需要抓好以下关键技术环节。

(一)做好蓄水保墒，提高整地质量

春小麦的产量与当地前一年的伏秋降水量和生育期间的降水量有密切的关系，因此在非灌溉地区能否有效地接纳和存贮前一年伏秋的降雨，是小麦增产的重要前提。要提高蓄水保墒效果，需要从耕作方法、作业质量和耕作时间三方面来考虑。耕作方式要根据当地的种植方式或轮作方式，以深翻、深松为基本耕作，选取翻、松、耙交替及不同组合方式。耕作最好在伏秋进行，达到适播状态越冬，这样有利于做到适时早播。耕作质量应按作业标准完成，保证整地质量，不仅可以提高蓄墒效果，而且为提高播种质量

打下良好基础。

(二)适时早播,培育壮苗、壮株

适时早播是春小麦获取高产的重要环节。早播的春小麦,从播种到出苗的时间较长,有利于形成根多、根深、抗旱能力强的根系;同时,适时早播的出苗较早,从出苗到拔节经历的时间相对较长,分蘖多,成穗率较高,有利于壮苗的形成;早播麦苗的幼穗分化始期早,穗分化历时相对较长,有利于形成大穗;同时早播麦田一般成熟较早,有利于躲避干热风危害和后期高温、多雨的不利天气。

适宜播种的时间应依当地气候条件、生产条件和试验结果确定。

(三)加强施肥,做到合理用肥

根据春小麦生育期短,前期生长发育快;分蘖过程短,分蘖成穗率低;穗分化开始早、进程快、过程短的生育特点,在肥料运筹上应做到以下几点。

1. 加强基肥和种肥的施用 以适应春小麦前期对营养的需求,这是春小麦增产的重要保证,特别是在非灌溉条件下更为重要。

2. 后期补肥 小麦生育后期虽然需肥量下降,但补肥对延长叶片寿命、促进籽粒灌浆和增加粒重有明显效果。非灌溉春麦区可在拔节至抽穗期间叶面喷施尿素(浓度2.5%～3.0%)和磷酸二氢钾(浓度0.2%～0.4%)的混合液,对增加穗粒数和千粒重均有益。在灌溉条件下,也可补施少量氮素肥料,防止早衰。

3. 注意施用方法 一般磷、钾肥和基施氮肥应通过秋翻耕施入土壤深层中。种肥氮(如尿素)应在播前单施或将种子与肥料分层施用,避免因施用种肥引起烧苗现象。在大田生产中,秋季施肥的效果好于春季，不仅有利于适期播种，肥料损失量也小。尿素秋施肥的最佳时间是温度降至 5℃时，施入深度为 10～12 厘米。

4. 与浇水相配合 在灌溉春麦区施肥比非灌溉区有较大的灵活性，施肥应与浇水密切配合。在采用基肥为主的同时，可以采用基肥与追肥相结合的施肥方式，以满足高产需求和提高肥料利用效率。

（四）合理密植，争取穗足、穗大

合理密植是不同生产条件和不同产量水平的共同要求。只有适合于各自的自然条件、土壤条件、施肥水平、技术水平和产量水平的密度才算“合理”。因此，密度是随条件而改变的。

基本苗数是穗数的基础，因此确定合理的基本苗数是合理密植的关键。特别是在低产和中产条件下，应依靠增加基本苗数来增加穗数的途径。要保证基本苗数，一是要增加播种量，二是要提高整地质量和播种质量，以提高田间出苗率，确保苗全、苗壮。在目前的中高产田，推荐基本苗数为 600 万～750 万/公顷，以确保近似的穗数，获得高产。

单株分蘖的多少是壮苗的重要标志。因此，不论在哪个麦区，在合理密植、依靠主穗的同时，应在确保穗数的前提下，合理安排基本苗数，争取大蘖成穗。特别是在有灌溉条件的高产地块，应采用主茎穗为主、争取大蘖成穗的途径。在生产条件较好和产量水平较高的情况下，宜相对减少基本苗数，争取部分分蘖成穗，既有利于协调个体与群体的关系，又使穗数、穗粒数、粒重三个产量因素得到协调发展。

（五）充分利用当地资源，发展灌溉栽培

在春小麦生产的大部分地区，春麦的生长发育均处于雨热同季的条件下，但由于降水量不足或分布不均，因此水分供应常成为

制约产量上升和导致产量不稳的重要影响因素。为确保小麦正常生育并获得高产,提倡在有条件的种植地区,努力发展灌溉栽培。

1. 一般灌溉原则 在春麦区的大多数地区,底墒水、三叶期和孕穗期(四分体期)灌水是效果最好的。底墒不足时,应通过秋、冬灌补足底墒水,以利于适时播种和提高田间保苗率。三叶期是春小麦生育的重要时期,也是灌水的关键时期,它对产量高低影响很大。孕穗期是春小麦的需水临界期,是小麦保花增粒的关键时期,有条件的地区均应灌孕穗水,争取穗大粒多。其他生育时期,如拔节期、灌浆期应视各地降水及田间水分状态来决定取舍。

2. 春小麦的耗水量 春小麦的耗水量一般在3 750～5 850米^3/公顷,但随地域及产量水平等的不同也存在较大差异。不同生育时期耗水量也不同。从播种至分蘖期耗水较少,一般只占总耗水量的6%左右;分蘖至抽穗的耗水量占总耗水量的35%左右;以抽穗至乳熟期耗水量为最大,约占总耗水量的37%左右;乳熟至成熟期耗水量占总耗水量的22%左右。

3. 各生育阶段对土壤湿度的需求 试验表明,春小麦在营养生长期和营养生长与生殖生长并进期要求较高的土壤湿度(需求下限为田间持水量的75%左右),而生育后期则要求相对较低的土壤湿度(含水量下限为田间持水量的60%～70%)。显然,前期相对较高的湿度需求对促进幼苗生长、促进穗分化、争取穗多穗大有利,而后期相对较低的湿度需求对促进灌浆和早熟有利。

(六)选用丰产、早熟、抗病品种

品种是产量潜力的基础,因此应针对各种植区的特点选用适用的优良品种。在生育期较短的东北春麦亚区和北部春麦亚区的东片,应注重选用早熟、抗病、抗穗发芽的品种,以躲避干热风危害和收获期的阴雨。而对于西北春麦区的高海拔种植区,则应选择能充分发挥生产潜力的矮秆或半矮秆的穗重型品种,以更充分利用当地的光温资源，争取更高的产量。对于旱地小麦应更重视选用早熟、抗旱、丰产的品种。在盐碱地区应选用耐盐性强的品种。

(七)提倡机械收获，确保丰产丰收

我国大部分春麦区土地资源丰富，人均耕地较多，再加上小麦收获期比较集中，为能在短时间内完成收获，应积极推广机械收获，以提高收获效率，确保适时收获，尽量减少收获损失。即使使用机械收获，大面积上也难在极短时间内完成，因此有了机械还要有恰当的收获方法。目前可采用机械分段收获和联合收获并用的方法。分段收获能提早 5 天左右收获，减轻适收期的压力；联合收获则能一次完成收获作业，但要求适时收获，过早过晚都不利于提高效率和减少损失。因此，在大面积种植情况下，应采取以分段收获为主、分段收获与联合收获结合的策略。

思考题

1. 春小麦种植区的主要环境特点有哪些？它们对春小麦生产有什么影响？

2. 与冬小麦相比，春小麦的生长发育有哪些突出特点？它们对产量形成有何影响？

3. 我国西北春麦区高产地带的形成条件，对提高春小麦产量有什么启示？

4. 春小麦栽培中为什么要强调做好蓄水保墒？

5. 在春小麦栽培中，为什么应重视基肥和种肥的施用？

6. 春小麦栽培中，为什么多采用以主穗为主的增产途径？

第七章　小麦病虫草害防治

一、小麦主要病害及防治

（一）我国小麦病害的种类

我国小麦的常见病害有 30 种以上，按病原物的不同，大致可分为真菌病害、细菌病害、病毒病害和线虫病害等四种类型。各种类型包含的主要病害见表 7-1。

表 7-1　小麦病害类型及名称

病原物类型	主要病害名称
真　菌	小麦锈病、小麦赤霉病、小麦全蚀病、小麦白粉病、小麦根腐病、小麦黑穗病、小麦纹枯病
细　菌	小麦黑颖病、小麦密穗病、麦类黑节病
病　毒	小麦丛矮病、小麦黄矮病、小麦红矮病、小麦黄叶病、小麦线条花叶病
软体动物	小麦线虫病

（二）我国主要几种小麦病害的防治

在我国，小麦主要发生的病害有小麦锈病、小麦赤霉病、小麦白粉病、小麦全蚀病、小麦根腐病、小麦黑穗病、小麦病毒病和小麦线虫病等。

1. 小麦锈病 小麦锈病是小麦的常发病，是小麦条锈病、小麦叶锈病和小麦秆锈病的通称。其发生与防治见表 7-2。

表 7-2 小麦三种锈病发生与防治

病原菌	危害部位	病状特征	发病条件
条锈病菌	主要危害叶片，也危害茎秆、颖片和芒	夏孢子呈狭长至长椭圆形。在成株上呈虚线状成行排列，在幼叶上则以侵入点为中心呈轮状排列。孢子开裂不明显，呈鲜黄色	多雨季节，连阴雨天气；适宜温度 5℃～12℃，最高温度 22℃，活体寄生
叶锈病菌	主要危害叶片，鞘、芒上少见	夏孢子呈圆形至长椭圆形。在叶片上呈散乱不规则状。孢子开裂，呈橘红色	多雨季节，适宜温度 15℃～20℃，活体寄生
秆锈病菌	主要危害茎和叶鞘，也危害穗部	夏孢子较大，呈长椭圆形至长方形，在叶片上呈散乱不规则排列。孢子呈深褐至咖啡色，表皮带开裂翻卷	多雨季节，适宜温度 18℃～20℃，最高温度 30℃，活体寄生

防治技术：

①选用抗锈与耐锈品种，并根据锈病病原菌生活小种的变化，及时更换品种

②农业防治。主要包括调节播种期，不过早播种；合理灌溉，注意排涝；氮、磷、钾肥配合施用，防止氮肥过量；建立合理群体结构，改善田间小环境，防除杂草，消灭中间寄主等

③药剂防治。根据病情预报，及时用药，目前有效的防锈病药品有粉锈宁（可兼治白粉病、黑穗病）等

2. 小麦赤霉病

(1)病原菌 赤霉病由一种真菌——禾谷镰刀菌引起，侵染小麦的幼苗、茎基部和穗部，从而引发苗腐、茎基腐和穗腐。苗腐主

要是由于病菌在种子萌发后侵入胚根和芽鞘，造成幼苗腐烂，腐烂部分常长出红色的霉状物。当赤霉菌侵入植株茎基部时，即引起茎基变褐、软腐，常呈粉红色霉层。小麦抽穗开花后，赤霉菌侵入花器中，使颖片出现淡褐色病斑，在潮湿条件下，形成粉红色霉层。

(2)发病条件　①越冬期的病原菌数量。赤霉病菌主要存在于稻麦轮作区的稻茬内和北方的玉米秸秆上，也存活于杂草及越冬期小麦上。②气候条件。早春雨量大，特别是开花期高温多雨时，赤霉病发病严重。③品种因素。目前尚没有抗赤霉病品种，只是有些品种发病较轻，所以可以用早熟品种或调节播期来规避发病。

(3)防治技术　①加强田间管理。主要是做好田间排水；防止大水漫灌；调节播期规避扬花期感染；控制密度和氮肥用量，构建通风透光的群体等。②药剂防治。根据预测结果，目前在开花前适时喷施多菌灵可湿性粉剂或胶悬剂，可做到有效防治。

3. 小麦白粉病

(1)病原菌　由白粉病菌侵染，会在叶片表面或背面出现圆形病斑，病斑由浅黄色或灰白色变为一层白粉状的霉层。发病严重时，叶片发黄枯死。

(2)发病条件　①病菌夏季在气温较低的高海拔地区越夏（气温＜24℃时），然后随风飘入秋播麦上，并越冬，翌年小麦返青后再行侵染。病菌越冬存活率大则发病重。②在空气相对湿度65%～100%、气温17℃～22℃时有利于病菌侵入，因此在群体郁闭状态下易大量发生。③密植、氮肥用量过大、灌溉过度、排水不良或植株倒伏时，发病率高，病情严重。

(3)防治技术　①选用抗病品种是行之有效的途径。②药剂防治。用粉锈宁拌种或早春喷施，可控制白粉病危害。③田间管理上应注意采用合理密植，氮、磷、钾肥配合施用，氮肥不过量施用等措施。

其他真菌性病害，如小麦全蚀病、根腐病、黑穗病和纹枯病等，请参阅植保分册。

4. 小麦病毒病 我国小麦主要病毒病有黄矮病、丛矮病、红矮病、线条花叶病和土传病毒病等，以黄矮病和丛矮病发生较为普遍和严重。

(1)小麦黄矮病和丛矮病的发病症状与传播 见表7-3。

表7-3 小麦黄矮病和丛矮病的发病症状与传播

种 类	发病症状	传播途径	发病条件	发病主区
黄矮病	小麦根短、蘖少，由叶尖开始褪绿，向叶基发展，成为弱苗。病苗在越冬期死亡或在越冬后植株矮化，不能抽穗结实。叶片呈黄绿相间条纹状，严重时整株死亡	二叉蚜虫是主要的传播媒介。蚜虫在有毒植物中吸汁后，虫体则带毒，如再吸食健康植物则被感染	冬、春雨雪少，秋季湿度高，冬季温暖，春温回升快，有利于蚜虫越冬，发病即重。麦田周边杂草多	河北、河南多发，江浙一带局部发生
丛矮病	小麦节短、蘖多，在返青和拔节期表现叶色浓绿，茎秆粗短，不能抽穗，后期发病时叶片呈黄白条纹	灰飞虱为传毒媒介	同上	西北、华北、东北、西南等地均有发生

(2)小麦病毒病的防治途径 ①选育抗病品种和耐病品种是经济有效的防治方法。②田间管理上要清除周边及田间杂草，减少蚜虫、灰飞虱等传播媒介，适期播种，调节密度，培育壮苗等，可以减轻危害和损失。③药剂防治。药剂拌种或种子包衣可有效防御感染。麦蚜发生期要及时防治，灭蚜防病。

5. 小麦线虫病 小麦线虫是麦粒中虫瘿传播扩散的一种软体动物。这种软体动物存在于带有虫瘿的麦粒中。当秋季播种后，虫瘿吸水变软，幼虫则破茧而出，进入土壤中，然后爬到麦株顶端，用口针吸食的刺激作用引起叶、穗扭曲变形。当线虫侵入到小花原基中时，就形成以后的虫瘿。

(1)病原物的特征　线虫是一种软体动物，能寄生在植物体上，可用肉眼辨认。它有成虫、幼虫和卵三种形态。雄线虫体长3～5毫米，体躯肥胖像瓜子；雌线虫较小，长2～2.5毫米，虫体细长。幼虫为蠕虫状，长1.9～2.5毫米，头部钝圆，尾部尖；卵呈长圆形，较小。

(2)小麦线虫病的症状　线虫从小麦苗期至穗期均能侵入小麦体内。苗期为害主要表现为分蘖增多、茎基粗大、叶片皱缩、叶色淡嫩、新生叶片卷曲。为害严重时叶黄、植株矮化，甚至枯萎死亡。后期发病主要为害穗部，表现为颖片张开、穗子变短，被危害的麦粒变成含线虫的虫瘿。麦粒前期为青绿色，后期变为紫褐色。

(3)线虫病的防治　①严格种子检疫，禁止带虫瘿的种子调入，自留种子也不使用带虫瘿的种子作种用。②用比重法清选种子。虫瘿比重为0.81，所以可用清水或20%盐水将虫瘿去除。③药剂拌种。可用75%甲拌磷乳油，按种子量的0.3%拌种，可兼防其他地下害虫。

二、小麦主要虫害及防治

(一)我国小麦虫害的主要种类

对我国小麦生产造成较大危害的虫害有20种以上，有的长年发生，有些在局部地区发生。主要有以下类型。

1. 地下害虫　主要是蛴螬、金针虫和蝼蛄。广泛分布于各麦区，以北方受害最重。

2. 黏虫　分布和发生广泛，因其具有暴食性，常造成重大灾害。

3. 麦蚜 常见的有麦长管蚜、麦二叉蚜和禾谷缢管蚜。

4. 吸浆虫 主要有麦红吸浆虫和麦黄吸浆虫。

5. 麦蜘蛛 主要有麦圆蜘蛛和麦长腿蜘蛛。

6. 麦秆蝇 是一种蛀食性害虫，常导致小麦枯心或白穗。

(二) 我国主要几种小麦虫害的防治

1. 地下害虫 地下害虫长年在地下活动，为害作物根、茎、种子和幼苗；由于其种类多，分布广，食性杂，为害时间长，所以是小麦的主要害虫。

(1)地下害虫的种类及发生过程 见表7-4。

表7-4 地下害虫的种类及发生过程

名称	俗称	主要种类	世代	越冬虫态	生活习性
蛴螬(金龟子幼虫的总称)	地蚕	暗黑鳃金龟	一年完成一代	以成虫或幼虫越冬	以幼虫咬食或蛀食种子、地下根茎
		棕色鳃金龟	两年完成一代		
		黑皱鳃金龟	两年完成一代		
		东北大黑鳃金龟	两年完成一代		
		华北大黑鳃金龟	两年完成一代		
蝼蛄	拉拉蛄、土狗子	非洲蝼蛄	一年（南方）或两年（北方）一代	以成虫或若虫在土中越冬	以幼虫咬食种子、地下根茎，有趋光性
		华北蝼蛄	三年一代		
金针虫(叩头虫幼虫的总称)	蝼虫、铁丝虫	沟金针虫	三年完成一代	以成虫或幼虫越冬	表层土壤墒情好时为害重
		细胸金针虫	两年完成一代	以幼虫越冬	

(2)地下害虫的防治 在做好虫情调查(如害虫种类、虫口密度)的基础上，结合气象条件和苗情，做好采取相应防治措施的准备。

①农业防治：主要是合理安排茬口，并通过调节播种期、合理施用肥水、防除杂草等措施降低虫口密度，以减轻为害程度。

②药剂防治：目前仍是防治地下害虫的主要措施。可以通过拌种，施用毒土、毒谷等，杀灭地下害虫。在选择用药种类时要有针对性，并尽量选用不影响产品安全的低毒高效类型的农药。也可以利用害虫的趋光性进行诱杀。

2. 黏虫　黏虫是为害多种粮食作物的害虫，其具有暴食性和集群迁飞特性，一旦大量发生时会造成极大危害。

(1)黏虫的主要习性　①黏虫无滞育现象，只要条件适合可终年繁殖，一年可发生数代，一般低纬度地区发生代数多，而高纬度地区发生代数较少。如北纬39°以北发生2～3代，北纬36°～39°间发生3～4代，北纬33°～36°间发生4～5代，北纬27°～33°间可发生5～6代，北纬27°以南可发生6～8代。②黏虫只能在北纬33°以南越冬，春、夏季由南向北迁飞，秋季由北向南迁飞。黏虫远距离集团迁飞特性，使其危害性更大。③成虫对糖、酒、醋的混合液和黑光灯有强烈趋性，可利用这一特性进行诱杀或利用于测报。④黏虫越大，食量越大，小麦的叶片、幼茎、穗均可被咬食。⑤黏虫各虫态均有寄生性和捕食性天敌，如赤眼蜂等，可利用天敌防治。

(2)黏虫的防治方法　黏虫的防治目前主要依靠药剂。主要有20%灭幼脲胶悬剂、0.04%二氯苯醚菊酯粉剂及杀螟松等。为保护天敌，提倡使用微生物制剂，如苏云金杆菌制剂等。

3. 麦蚜　麦蚜是为害小麦的主要害虫之一。它刺吸小麦叶、幼茎、花器、穗等的汁液，并传播多种麦类病毒病。

(1)种类及发生特征　为害麦类的主要蚜虫有麦长管蚜、麦二叉蚜、禾谷缢管蚜及麦无网长管蚜。其中以麦长管蚜分布最为广泛，几乎各麦区均有发生。蚜虫一年可发生10～20代，虽然各类麦蚜的特征和生活习性存在差异，但其发生及为害程度均与气候条件、寄主植物的生育期和营养条件密切相关。如麦长管蚜以温度16℃～20℃、空气相对湿度60%～72%为最适合生育条件；温度8℃～20℃和55%～67%的空气相对湿度最有利于麦二叉蚜繁殖。麦蚜有多种天敌，如瓢虫、草蛉、蚜茧蜂等。麦蚜发生多为点片分布，有翅蚜则常导致全田普遍发生。

(2)防治方法　从小麦拔节后至孕穗期间，应注意调查麦田蚜虫发生情况，及时做出测报。防治工作主要包括农业防治和药剂防治两方面。如在作物布局上要注意中断桥梁寄主，降低虫口基数；选用抗虫品种等。药剂防治要根据虫情测报做到早防早治，重点防治穗期蚜害。目前使用的主要药剂有50%抗蚜威可湿性粉剂、50%灭蚜松乳油等。

4. 小麦吸浆虫　小麦吸浆虫俗称"麦蛆"，是以幼虫吸食子房或灌浆期籽粒的重要害虫。我国有麦红吸浆虫和麦黄吸浆虫。两种吸浆虫的生活史大体相同，一般一年一代，但在条件不适时，也有隔年甚至多年休眠的情况。吸浆虫以成长幼虫在土中结茧越夏或越冬，翌年春季当10厘米地温约15℃时再破茧化蛹，当土温达20℃时羽化出土，并在麦穗内外颖之间产卵，卵孵化为幼虫，吸食籽粒浆液，造成瘪粒，严重发生时，可引起严重减产。因此，在小麦吸浆虫常发和易发地区应做好虫情测报，做到早防早治。

目前生产上的主要防治措施有：①因地制宜选育抗虫品种；②重发区要安排好种植制度，实行合理轮作，合理施用肥水；③虫情测报达到防治标准时，要适时喷药。具体用药种类的选择和施用，应在农艺师或技术人员指导下进行。用药前应详细阅读使用说明书。

5. 麦秆蝇　麦秆蝇成虫为小型蝇类，幼虫呈蛆状、体细长。以幼虫蛀茎取食。麦秆蝇为害时间较长，一年可发生多代，从小麦苗期至穗期均能蛀食，造成麦株枯心和白穗。

早春气温、麦苗健壮程度、品种、田间管理措施等，对麦秆蝇的发生程度都有较大影响。在小麦生产中，除采用农业防治外，在麦田有卵株率达到5%以上时,应及时用药防治。

6. 麦叶蜂 麦叶蜂是一种食叶害虫,以黄淮平原冬麦区发生较重。一般一年发生一代,一生共5龄,以1～3龄幼虫为害最重,取食叶片后使光合面积减少,严重影响粒重。药剂防治应在3龄之前进行。

三、麦田杂草及其防除

杂草对小麦生产危害极大。它除与小麦争地、争空间、争光、争养分、争水,引起小麦生育不良,降低小麦产量和品质外,有些杂草还是病虫的中间寄主。有些杂草还能直接威胁人、畜健康和生命,如毒麦混入小麦加工成面粉,人食用后会引起中毒。因此,在小麦生产过程中,要及时防除田间杂草。

(一)冬小麦田间主要杂草

杂草的分布因地而异。以北方冬麦区为例,其主流杂草主要有马唐、牛筋草、狗尾草、看麦娘、毒麦、碎米莎草、扁穗莎草、藜、苋、播娘蒿、苍耳、白茅等。在杂草防除前应掌握当地麦田杂草的主要类型和名称,以便依草制定防除办法。

(二)麦田杂草的主要防除措施

由于各地区、各地块的杂草种类不同,气候条件不同,生产条件不同,因此形成不同的除草措施,主要可归纳为以下几种。

1. 农业防除 即利用作物间的轮作种植、播期调节、土壤翻耕、中耕除草等农业技术方法防除麦田杂草,其中翻耕、中耕是最常用的方法。

2. 物理防除 如利用热蒸汽等杀灭田间杂草,我国目前较少使用。

3. 化学防除 即利用化学除草剂进行杂草防除,因其方便、省时、省力、防效好,目前广泛用于麦田除草,特别是在大面积种植小麦时，采用喷药机械进行极为便捷。

(三)化学除草剂的使用

1. 类型 按除草剂的使用方法，可将化学除草剂分为茎叶处理剂、土壤处理剂和茎叶兼土壤处理剂三种类型。

(1)茎叶处理剂 即用于处理茎叶，如2,4-D、禾草灵、二甲四氯、麦草畏等。

(2)土壤处理剂 即施于土壤中，通过杂草根、芽鞘或下胚轴等部位吸收而产生毒效。如丁草胺、氟乐灵、绿麦隆、燕麦畏、野燕枯等。

(3)茎叶兼土壤处理剂 即既可用于处理茎叶，也可用于土壤处理，如2,4-D等。

2. 施用化学除草剂的注意事项 有以下十点。

①对照杂草种类，选准除草剂；

②针对草情，适时用药，提高施药效果；

③严格使用药量，防止药害或效果不佳；

④掌握配药方法，防止同批药液浓度不一；

⑤掌握用药方法，提高施药质量；

⑥看天施药，即看温度条件，有无风、雨等；

⑦合理混用，即按照说明书用两种或两种以上的除草剂混合使用，有时会提高药效；

⑧在施用除草剂时，尽量避免副作用和对周边作物及环境的污染；

⑨使用专用喷药器具或用后彻底清洗；

⑩施药前要详细阅读使用说明书。

3. 麦田常用除草剂及使用方法　见表7-5。

表7-5　麦田除草剂名称及使用方法

药剂名称	使用方法	适用草类	常用剂型	注意事项
丁草胺	播后苗前喷雾土壤处理	马唐、牛筋草、碎米莎草、藜、苋、鸭跖草等	60%乳油	
绿麦隆	播后苗前施用或二叶一心期喷雾	马唐、野燕麦、看麦娘、藜、播娘蒿等	25%可湿性粉剂	①用水稀释后喷雾；②土壤湿润时药效佳；③切忌重喷和漏喷
氟乐灵	播前或播后苗前施用	马唐、牛筋草、千金子、莎草、苋、胜红蓟等	48%乳油	①播前或播后苗前施药后必须浅耙，防止挥发或光解失效；②主要用于防除阔叶型杂草；③后茬不宜种谷子、高粱等敏感作物；④有机质含量过高地块不宜施用
拉　索	播后喷雾施药	马唐、牛筋草、藜、苋、千金子、马齿苋、胜红蓟等	48%乳油	①土壤湿润时药效佳；②稀释药液时注意眼睛和皮肤的防护
二甲四氯	分蘖末期至拔节期施用	莎草、藜、苋、鸭跖草、小蓟、苍耳、马齿苋等	70%钠盐	①棉花、豆类、油菜对此药敏感，防飘移；②不要与碱性药混合；③药械专用
2,4-D	茎叶喷雾	莎草、藜、苋、苍耳、马齿苋、猪殃殃、鸭跖草	72%乳油	①配用酸性药物，可增加药效；②飘移会伤害周边敏感作物；③药械最好专用
野燕枯	播前、播后苗前或苗期施	野燕麦、看麦娘	40%乳油	挥发性强，随施药随混土
燕麦灵	茎叶喷雾，野燕麦1～3叶期施用	野燕麦、看麦娘	15%乳油	①土湿润效果好；②对鱼类毒性大
麦草畏	茎叶喷雾	藜、苋、猪殃殃、马齿苋、播娘蒿、苍耳	35%乳油	①宜早用药，不可在高温下施用；②地湿效果好

思考题

1. 小麦的常见病害有哪几种？它们都由什么病原物引起？

2. 当地主要有哪几种真菌病害发生？

3. 小麦的病毒病是如何发生和传播的？应采取哪些防治措施？

4. 当地的虫害主要有哪些类群？如何防治？

5. 麦田有哪些杂草？如何防除？

6. 麦田常用除草剂有哪些？如何施用？施用时应注意些什么？